영재교육원 대비

꾸러미 48제 모의고사

파이널

수학
초등6~중등

무한상상

무한상상 영재교육 연구소

영재교육원 대비를 위한...

영재란 재능이 뛰어난 사람으로서 타고난 잠재력을 개발하기 위해 특별한 교육이 필요한 사람이고, 영재교육이란 영재를 발굴하여 타고난 잠재력이 발현될 수 있도록 도와주는 것입니다. 그렇지만 우리 아이가 특별히 영재라고 생각하지 않는 경우가 많습니다. 단지 몇몇의 특성과 문제를 가지고 있는 경우가 다반사입니다. 지능지수가 높다고 해서 모두 영재는 아니며 지능지수가 낮다고 영재가 아닌 것도 아닌 것입니다.
영재는 '동기유발' 상태에 있는 것은 맞습니다. 새로운 체험과 그것을 바탕으로 나오는 내부로부터의 열정 등이 '동기유발' 을 시킬 것이고 우리 자녀의 미래의 모습을 결정할 것입니다.

새로운 경험으로서 자녀를 영재교육원에 보내는 것은 바람직합니다. 한 단계 높은 지적 영역을 경험하기 때문입니다. 그렇지만 영재교육원 선발 시험 문제는 정확한 기준이 없기 때문에 별도의 학습이 필요합니다. 기출문제, 창의문제, 탐구문제, 요즘 강조되는 STEAM형(융합형) 문제를 골고루 다뤄볼 필요가 있습니다. 또한 실생활에서의 경험을 근거로 한 문제 해결도 필요합니다.

아이앤아이 영재교육원 대비 시리즈의 최종판인 '꾸러미 48제 모의고사' 는 8문항씩 6회분의 모의고사를 싣고 있습니다. 1회분 8문항은 영재성검사 해당문항 1문항, 창의적 문제해결력 해당문항 6문항, STEAM형(융합형) 문제 1문항으로 구성되어 있습니다. 기출문제, 창의문제, 탐구문제, STEAM형(융합형) 문제가 모두 포함되도록 하였습니다.
'꾸러미 48제 모의고사' 시리즈는 초 1~3, 초 4~5, 초 6~ 중등 3단계로 나누었고 수학, 과학 두 영역을 다루므로 다루므로 총 6권으로 구성됩니다. '초등 아이앤아이3,4,5,6'(전 4권), '수학·과학 종합대비서 꾸러미' (전 4권)에 이어서 '꾸러미 120제 수학, 과학' (전 6권) 을 학습한 경우 약 1주일의 시간을 두고 '꾸러미 48제 모의고사' 로 대비를 완결지을 수 있을 것입니다. 해설 말미에 점수표를 확인하여 우리 아이의 수준을 확인할 수도 있습니다.

아이앤아이 영재육원 대비 시리즈를 통해 영재교육원을 대비하는 아이들과 부모님에게 새로운 희망과 열정이 솟는 첫걸음이 되길 기대해 봅니다.

- 무한상상 영재교육 연구소

영재교육원에서 영재학교까지

01. 영재교육원 대비

아이앤아이 영재교육원 대비 시리즈는 '영재교육원 대비 수학 · 과학 종합서 꾸러미' , '꾸러미 120 제' (수학 과학), '꾸러미 48 제 모의고사' (수학 과학), 학년별 초등 아이앤아이 (3·4·5·6 학년), 중등 아이앤아이 (물 · 화 · 생 · 지)(상 , 하) 등이 있다 . 각자 자기가 속한 학년의 교재로 준비하면 된다 .

[초등대상 영재교육원 지원자]

꾸러미 1·2·3 학년	+ 꾸러미 120 제 초등 1~3 꾸러미 48 제 모의고사	+ 아이앤아이 초 3, 과학도서
꾸러미 4·5 학년	+ 꾸러미 120 제 초등 4~5 꾸러미 48 제 모의고사	+ 아이앤아이 초 4,5, 과학도서
꾸러미 6 학년	+ 꾸러미 120 제 초 6 ~ 중등 꾸러미 48 제 모의고사	+ 아이앤아이 초 6, 과학도서

[중등대상 영재교육원 지원자]

꾸러미 중등	+ 꾸러미 120 제 초 6 ~ 중등 꾸러미 48 제 모의고사 초 6 ~ 중등	+ 과목별 중등 아이앤아이 과학도서

02. 영재학교/과학고/특목고 대비

영재학교 / 과학고 / 특목고 대비교재는 세페이드 1 F(물 · 화), 2 F(물 · 화 · 생 · 지), 3 F(물 · 화 · 생 · 지), 4 F(물 · 화 · 생 · 지), 5 F(마무리), 중등 아이앤아이 (물 · 화 · 생 · 지) 등이 있다 .

	세페이드 1F	세페이드 2F	세페이드 3F	세페이드 4F	세페이드 5F		
현재 5 ·6 학년	주 1~2 회 6~9 개월 과정	주 2 회 9 개월 과정	주 3 회 8~10 개월 과정	주 3 회 6 개월 과정	주 4 회 2~3 개월 과정	+ 중등 아이앤아이 (물 · 화 · 생 · 지)	→ 총 소요시간 31~36 개월
현재 중 1 학년		주 3 회 6 개월 과정	주 3 회 8 개월 과정	주 3 회 6 개월 과정	주 3~4 회 3 개월 과정	+ 중등 아이앤아이 (물 · 화 · 생 · 지)	→ 총 소요시간 약 24 개월
현재 중 2 학년		3 개월 과정	4 개월 과정	4 개월 과정	2 개월 과정	+ 중등 아이앤아이 (물 · 화 · 생 · 지)	→ 총 소요시간 약 13 개월

각 선발 단계를 준비하는 방법

교사 추천

교사는 평소 학교생활이나 수업시간에 학생의 심리적인 특성과 행동을 관찰하여 학생의 영재성을 진단하고 평가한다. 특히, 창의성, 호기심, 리더십, 자기주도성, 의사소통능력, 과제집착력 등을 평가한다. 따라서 교사 추천을 받기 위한 기본적인 내신관리를 해야 하며 수업태도, 학업성취도가 우수하여야 한다. 교과 내용의 전체 내용을 이해하고 문제를 통해 개념을 정리한다. 이때 개념을 오래 고민하고, 깊이 있게 이해하여 스스로 문제를 해결하는 능력을 키운다. 수업시간에는 주도적이고, 능동적으로 수업에 참여하고, 과제는 정해진 방법 외에도 여러 가지 다양하고 새로운 방법을 생각하여 수행한다. 수업 외에도 흥미를 느끼는 주제나 탐구를 직접 연구해 보고, 그 결과물을 작성해 놓는다.

영재성 검사

잠재된 영재성에 대한 검사로, 영재성을 이루는 요소인 창의성과 언어, 수리, 공간 지각 등에 대한 보통 이상의 지적능력을 측정하는 문항들을 검사지에 포함 시켜 학생들의 능력을 측정한다. 평소 꾸준한 독서를 통해 기본 정보와 새로운 정보를 얻어 응용하는 연습으로 내공을 쌓고, 서술형 및 개방형 문제들을 많이 접해 보고 논리적으로 답안을 표현하는 연습을 한다. 꾸러미시리즈에는 기출문제와 다양한 영재성 검사에 적합한 문제를 담고 있으므로 풀어보면서 적응하는 연습을 할 수 있다.

창의적 문제 해결력(학문적성 검사)

창의적 문제해결력 검사는 수학, 과학, 발명, 정보 과학으로 구성되어 있으며, 사고능력과 창의성을 측정하는 것을 기본 방향으로 하여 지식, 개념의 창의적 문제해결력을 측정한다. 해당 학년의 교육과정 범위내에서 각 과목의 개념과 원리를 얼마나 잘 이해하고 있는지 측정하는 검사이다. 심화학습과 사고력 학습을 통해 생각의 깊이와 폭을 확장시키고, 생활 속에서 일어나는 일들을 학습한 개면과 연관시켜 생각해 보는 것이 중요하다. 꾸러미 시리즈는 교육과정 내용과 심화학습, 창의력 문제를 통해 창의성을 넓게 기를 수 있도록 도와주고 있다.

심층 면접

심층 면접을 통해 영재교육대상자를 최종선정한다. 심층 면접은 영재행동특성 검사, 포트폴리오 평가, 수행평가, 창의인성 검사 등에서 제공하지 못하는 학생들의 특성을 역동적으로 파악할 수 있는 방법이고, 기존에 수집된 정보로 확인된 학생의 특성을 재검증하고, 학생의 특성을 심층적으로 파악하는 과정이다. 이 단계에서 예술 분야는 실기를 실시할 수도 있으며, 수학이나 과학에 대한 실험을 평가하는 등 각 기관 및 시도교육청에 따라 형태가 달라질 수 있다. 면접에서는 평소 관심 있는 분야나 자기소개서, 창의적 문제해결력, 문제의 해결 과정에 대해 질문할 가능성이 높다. 따라서 평소 자신의 생각을 논리적으로 표현하는 연습이 필요하다. 단답형으로 짧게 대답하기보다는 자신의 주도성과 진정성이 드러나도록 자신 있게 이야기하는 것이 중요하다. 자신이 좋아하는 분야에 대한 관심과 열정이 드러나도록 이야기하고, 평소 육하원칙에 따라 말하는 연습을 해 두면 많은 도움이 된다.

Contents

차 례

1회 모의고사 시작

꾸러미 모의고사

1회

- 총 문제수 : 8 문제
- 시험시간 : 70 분
- 총점 : 100 점
- 문항에 따라 배점이 다릅니다.
- 필기구외에 계산기등은 사용할 수 없습니다.

모의고사 점 수	나의 점수	총 점수
		100점

01

☑ 유창성
☑ 융통성
☐ 독창성
☑ 정교성

전쟁과 관련된 강연에서 강연자가 다음과 같은 말을 하였습니다. 강연자가 한 말을 수학적인 근거를 들어 논리적으로 반박할 수 있는 문장을 3 가지 적어 보세요. [12 점]

문항분류
영재성검사
교과영역
자료와 가능성

"한 전쟁의 기록을 보면 3 년간 지속된 전쟁속에서 국군 전사자는 약 14 만명이었던 반면에 민간인 사망자는 약 25 만명에 육박했다고 합니다. 실제로 전쟁이 일어나면 군인보다 민간인이 더 많이 사망한다는 뜻이에요. 만약에 전쟁이 일어나더라도 멀리 피난을 갈 생각보다는 자진해서 입대를 하는 것이 더 안전하다는 것 명심하세요!"

반박할 수 있는 문장 1	
반박할 수 있는 문장 2	
반박할 수 있는 문장 3	

정답 및 해설
예시 답안
……> p.2

02

☑ 유창성
☑ 융통성
☐ 독창성
☐ 정교성

길을 걷다가 아주 큰 나무를 발견했습니다. 나무의 높이를 측정해보려는데 높이를 직접 재는 방법보다는 보다 쉽게 대략적인 나무의 높이를 재보려고 합니다. 대략적인 나무의 높이를 측정할 수 있는 방법을 3 가지 적어 보세요. [12 점]

문항분류
영재성검사
교과영역
측정

측정 방법 1	
측정 방법 2	
측정 방법 3	

03

☑ 문제파악
☑ 문제해결
☑ 정확성

길이가 8, 11, 12, 15 인 선 4 개의 한쪽 끝을 점 A 에 고정했습니다. 이 4 개의 선들의 고정시키지 않은 다른 한쪽 끝은 자유롭게 움직일 수 있습니다. 아래 <보기> 와 같이 자유롭게 움직일 수 있는 4 개의 끝점 B, C, D, E 를 연결해서 사각형을 만들 때, 만들 수 있는 사각형의 최대 넓이를 풀이과정과 함께 구해 보세요. (단, 선들은 같은 평면에서 움직입니다.) [10 점]

문항분류
창의적문제해결력
교과영역
도형

<보기>

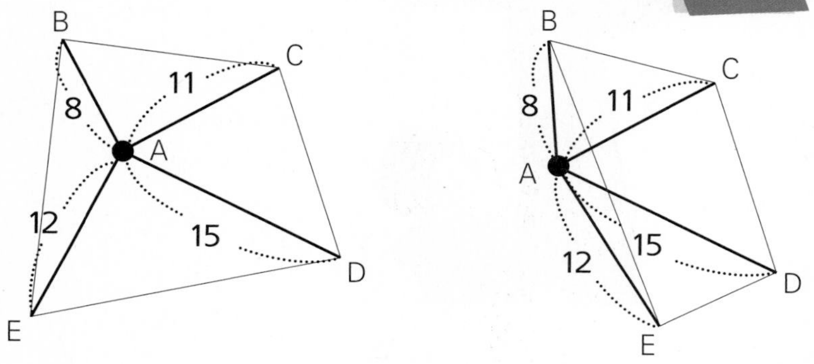

▲ 만들 수 있는 사각형 예시

풀이과정 :

최대 넓이 :

정답 및 해설
예시 답안
……→ p.3

04

☑ 문제파악
☑ 문제해결
☑ 정확성

아래 <보기> 와 같이 사각형 ABCD 의 내부에 각 꼭지점에서 선분을 내려서 선분들이 서로 이등분하도록 그렸습니다. 4 개의 선분들로 만들어지는 회색 사각형 EFGH 의 넓이가 10 일 때, 사각형 ABCD 의 넓이를 풀이과정과 함께 구해 보세요. [10 점]

문항분류
창의적문제해결력
교과영역
도형, 측정

<보기>

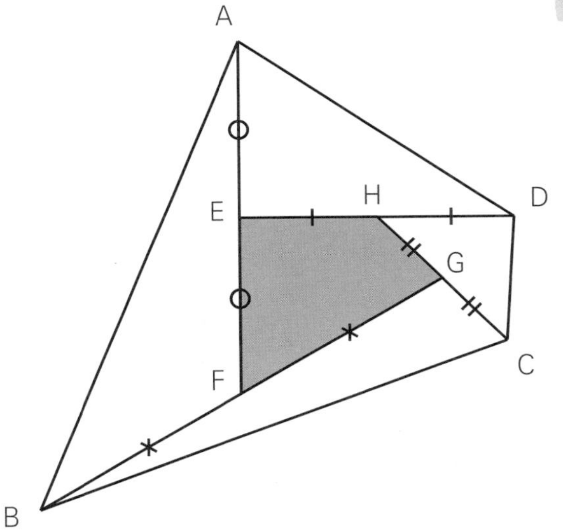

풀이과정 :

사각형 ABCD 의 넓이 :

문항분류
창의적문제해결력
교과영역
수와 연산

05

☑ 문제파악
☑ 문제해결
☑ 정확성

아래 <보기> 의 나눗셈식을 보고 제수와 피제수를 풀이과정과 함께 구해 보세요. [10 점]

<보기>

```
              □□□□□8□□
       ┌──────────────────
  □□   │ □□□□□□□□□□
         □□□
         ───
           □□□
           □□□
           ───
            □□□
            □□□
            ───
               □□
               □□
               ──
                □□□
                □□□
                ───
                  0
```

풀이과정 :

제수 : 　　　　**피제수 :**

정답 및 해설
예시 답안
……› p.5

06

☑ 문제파악
☑ 문제해결
☑ 정확성

n ! (n 은 자연수) 은 1 부터 n 까지의 자연수를 모두 곱한다는 의미고 2^n 은 2 를 n 번 곱한다는 의미입니다. $100! \times 5^7 \times 6^5$ 을 계산했을 때, 일의 자리부터 연속적으로 붙어있는 0 의 개수를 풀이과정과 함께 구해 보세요. [10 점]

문항분류
창의적문제해결력
교과영역
수와 연산

풀이과정 :

0 의 개수 :

07

☑ 문제파악
☑ 문제해결
☑ 정확성

문항분류
창의적문제해결력
교과영역
규칙성

아래 <보기> 와 같이 수들을 삼각형 모양으로 나열하였습니다. 다음 물음에 답해 보세요. [16 점]

<보기>

1
2 3
4 5 6
7 8 9 10
11 12 13 14 15
⋮

(1) <보기> 와 같이 삼각형 모양으로 계속 수를 나열한다면 100 은 몇 번째 줄에 있을지 풀이과정과 함께 적어 보세요.

풀이과정 :

정답 :

정답 및 해설
예시 답안
……› p.8

(2) <보기> 에서 5 의 주변에 있는 숫자 6 개를 모두 더하면 2 + 3 + 4 + 6 + 8 + 9 = 32 이고 9 의 주변에 있는 숫자 6 개를 모두 더하면 5 + 6 + 8 + 10 + 13 + 14 = 56 입니다. 이와 같이 어떠한 수 주변에 있는 숫자 6 개를 모두 더해서 590 이 되는 수가 있는지 생각해보고 있다면 풀이과정과 그 수를 적고 없다면 이유를 적어 보세요.

풀이과정 :

정답 :

없는 이유 :

08

다음 자료를 읽고 물음에 답하시오. [20 점]

- ☑ 유창성
- ☑ 융통성
- ☐ 독창성
- ☐ 정교성

- ☑ 문제파악
- ☑ 문제해결
- ☑ 정확성

<자료>

우리의 눈은 멀리 있는 물체는 작게 보이고 가까이에 있는 물체는 크게 보입니다. 하지만 그림으로 이러한 현상을 표현하기는 쉽지 않습니다. 이러한 문제를 해결하기 위해 탄생한 것이 '원근법' 이란 기법입니다. '원근법' 이란 2 차원의 표면에 3 차원 이미지의 공간 관계를 표현하는 데 쓰이는 회화 기법으로써 평면인 도화지에 앞, 뒤 사물간의 거리감과 공간감을 주기위해 처음 도입되었습니다. 회화에 있어서 원근감을 완성시킨 사람은 피렌체 출신의 화가 우첼로입니다.

▲ 우첼로의 '성삼위일체'

문항분류
수학 STEAM
교과영역
수와 연산, 측정

(1) A 라는 지점에서부터 5 m 지점과 10 m 지점에 다른 크기의 정사각형을 놓았습니다. A 지점에서 정사각형쪽을 바라보니 10 m 지점에 놓은 정사각형이 5 m 지점에 놓은 정사각형에 정확히 가려져서 보이지 않았습니다. 두 정사각형의 넓이는 몇 배 차이가 나는지 풀이 과정과 함께 적어 보세요. [10 점]

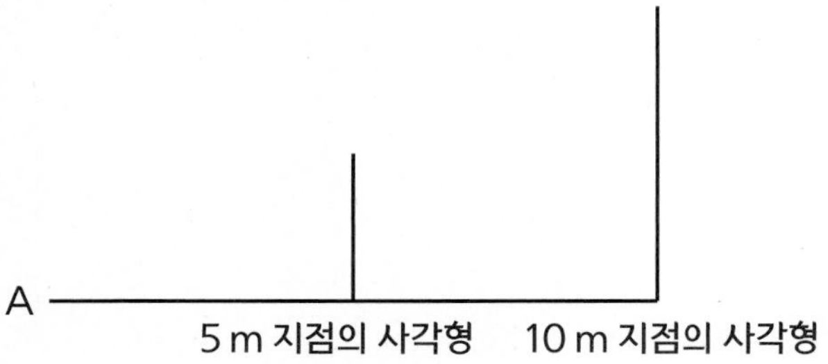

풀이과정 :

정답 :

정답 및 해설
예시 답안
……› p.9

(2) 높은 건물의 옥상에서 지상을 내려다봤더니 너무 멀어서 사람들이 점으로밖에 보이지 않습니다. 옥상에서 내려다본 사람들이 아래와 같이 보일 때, 어떠한 상황일 지 5 가지 적어 보세요. [10 점]

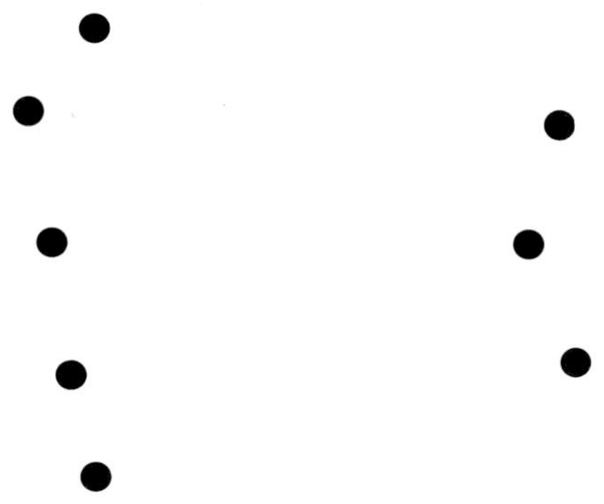

상황 1	
상황 2	
상황 3	
상황 4	
상황 5	

2 회 모의고사 시작

꾸러미 모의고사

2회

- 총 문제수 : 8 문제
- 시험시간 : 70 분
- 총점 : 100 점
- 문항에 따라 배점이 다릅니다.
- 필기구외에 계산기등은 사용할 수 없습니다.

모의고사 점 수	나의 점수	총 점수
		100점

문항분류
영재성검사
교과영역
도형

01

- ☑ 유창성
- ☐ 융통성
- ☐ 독창성
- ☐ 정교성

정삼각형을 곡선이 아닌 선분들을 이용해서 모양과 넓이가 같게 3 등분하는 방법을 5 가지 그려 보세요. [10 점]

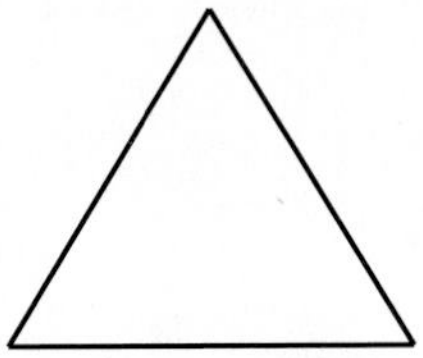

방법 1	
방법 2	
방법 3	
방법 4	
방법 5	

정답 및 해설
예시 답안
……› p.11

02

☑ 유창성
☐ 융통성
☐ 독창성
☐ 정교성

아래 <보기> 의 수들을 보고 서로 다른 규칙을 만들어서 괄호에 들어갈 수를 5 가지 구해 보세요. (규칙이 다르면 수는 같아도 정답으로 인정합니다.) [10 점]

문항분류
영재성검사
교과영역
수와 연산, 규칙성

<보기>

1　　2　　4　　(　)　　(　)

규칙 1	규칙 : 수 :
규칙 2	규칙 : 수 :
규칙 3	규칙 : 수 :
규칙 4	규칙 : 수 :
규칙 5	규칙 : 수 :

문항분류
창의적문제해결력
교과영역
수와 연산, 규칙성

03

- ☑ 문제파악
- ☑ 문제해결
- ☑ 정확성

아래 <보기> 는 표를 이용해서 (세 자리수 × 두 자리수) 를 쉽게 계산할 수 있는 방법을 보여줍니다. 다음 질문에 답하시오. [12 점]

<보기>

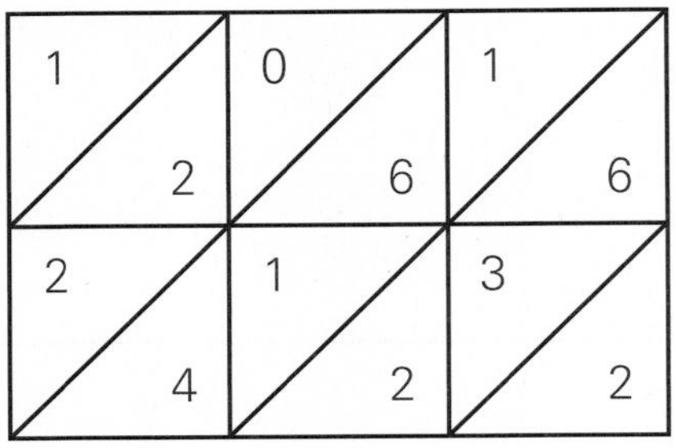

638 × 24 = 15312

<보기> 의 계산방법을 적고 아래의 표에 나타난 곱셈식을 적어 보세요.

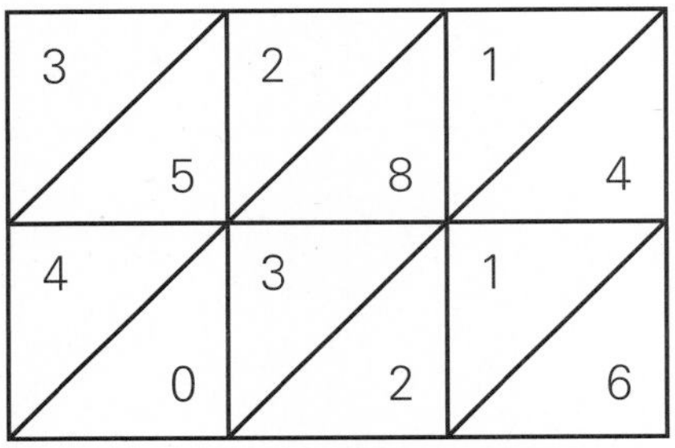

<보기> 의 계산방법

곱셈식 :

정답 및 해설
예시 답안
……› p.13

04

☑ 문제파악
☑ 문제해결
☑ 정확성

내각의 크기가 30°, 60°, 90° 인 서로 닮음인 직각삼각형 3 개를 아래 <보기> 와 같이 붙여서 오각형을 만들었습니다. 선분 AB 의 길이가 6 일 때, 선분 DE 의 길이를 풀이과정과 함께 적어 보세요. [12 점]

문항분류
창의적문제해결력
교과영역
도형, 측정

<보기>

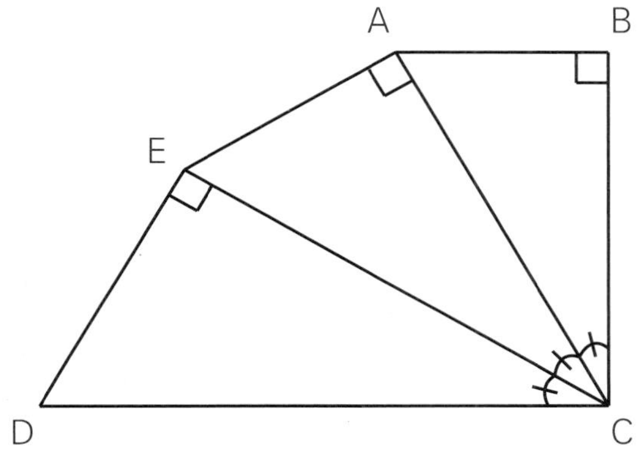

풀이과정 :

선분 DE 의 길이 :

05

☑ 문제파악
☑ 문제해결
☑ 정확성

아래 <보기> 의 수식을 풀이과정과 함께 계산해 보세요. [10 점]

문항분류
창의적문제해결력
교과영역
수와 연산

<보기>

$$\left(\frac{1}{2}+\frac{1}{6}+\frac{1}{12}+\frac{1}{20}+\cdots+\frac{1}{72}+\frac{1}{90}+\frac{1}{110}\right)\times 11$$

풀이과정 :

정답 :

정답 및 해설
예시 답안
……› p.15

06

☑ 문제파악
☑ 문제해결
☑ 정확성

문항분류
창의적문제해결력
교과영역
자료와 가능성

아래 <보기> 의 한 변의 길이가 a 인 정육각형의 내부에 7 개의 점을 찍었습니다. 모든 점을 찍은 뒤 임의의 점 2 개를 연결해서 선분의 길이를 쟀더니 어떻게 점을 찍더라도 적어도 하나의 선분은 a 보다 짧은게 반드시 있었습니다. 그 이유에 대해 설명해 보세요. [10 점]

<보기>

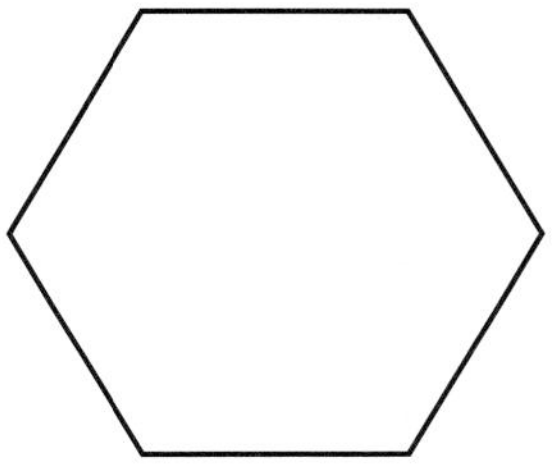

이유 :

07

☑ 문제파악
☑ 문제해결
☑ 정확성

문항분류
창의적문제해결력
교과영역
측정, 자료와 가능성

모양과 크기가 똑같은 4 개의 블럭을 붙여서 <보기> 와 같은 도형을 만들었습니다. 다음 물음에 답하세요. [16 점]

<보기>

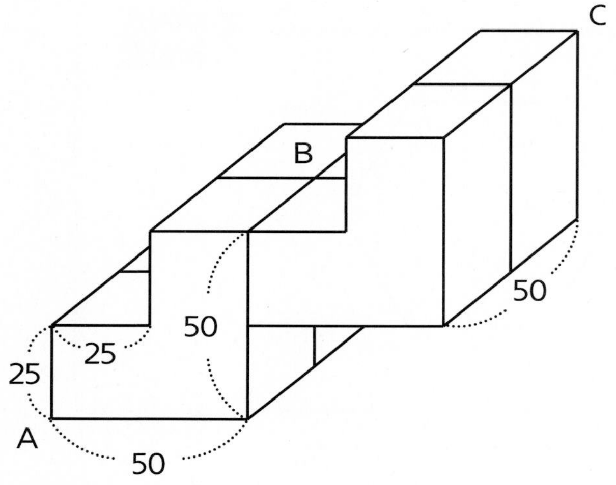

(1) 각 블럭의 모서리를 따라 이동할 때 점 A 에서 점 C 까지가는 최단경로의 개수를 찾으려고 합니다. 이 때, 점 B 를 통과해서 가는 최단경로의 개수를 풀이과정과 함께 구해 보세요. [8 점]

풀이과정 :

정답 :

(2) 아래 그림과 같이 점 P 에서부터 점 Q 까지 줄을 감았을 때, 선분 DE 의 길이를 풀이과정과 함께 구해 보세요. (단, 줄은 최단경로로 감기도록 팽팽하게 감았습니다.) [8 점]

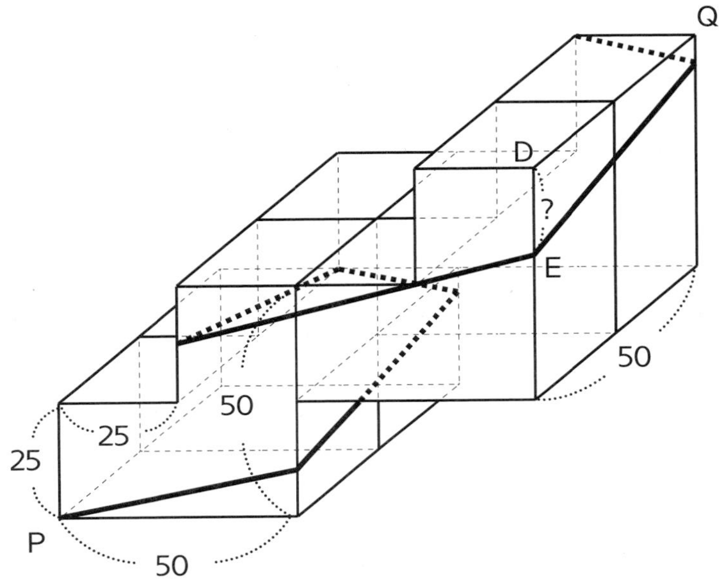

풀이과정 :   **선분 DE 의 길이**

08 다음 자료를 읽고 물음에 답하세요. [20 점]

☑ 유창성
☐ 융통성
☐ 독창성
☐ 정교성

☑ 문제파악
☑ 문제해결
☑ 정확성

<자료>

평면에서의 점에 수의 순서쌍 (x, y) 를 대응시켜서 점의 위치를 나타내는 구조를 가리켜 좌표평면(좌표계)라고 하며, 그 점에 대응하는 수의 순서쌍을 그 점의 좌표라고 합니다. 이러한 좌표의 개념을 처음으로 생각해낸 사람은 해석 기하학의 아버지라 불리우는 '데카르트' 입니다. 일반적으로 x 축과 y 축 2 개의 축으로 이루어진 평면으로 나타내어지며 기준이 되는 점 즉, x 축과 y 축이 만나는 점을 원점 (0, 0) 이라고 합니다.

▲ 데카르트

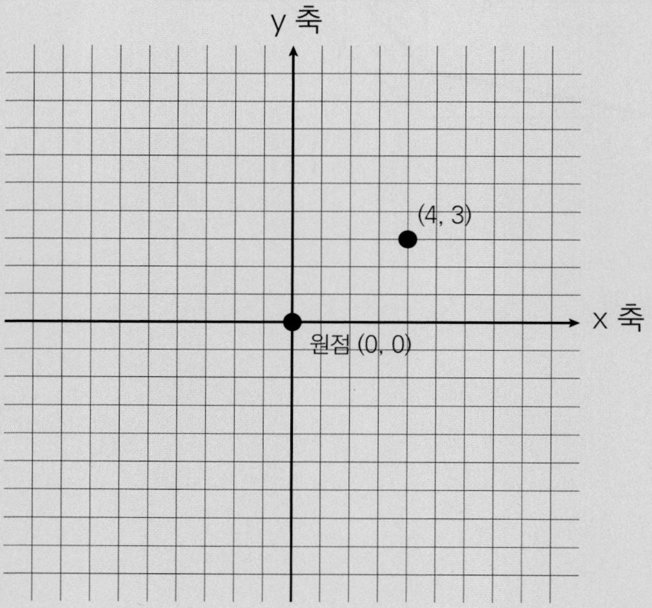

▲ x,y 좌표평면

정답 및 해설
예시 답안
……› p.18

문항분류
수학 STEAM
교과영역
측정, 자료와 가능성

(1) 아래 표에 있는 월별 비용을 좌표평면상에 점으로 나타내어보고 원점 (0, 0) 에서부터 각 점을 순서대로 직선으로 이어서 꺾은선 그래프로 나타낼 때, 그 직선들과 x 축으로 둘러쌓인 부분의 넓이를 구해 보세요. [10 점]

월	1월	2월	3월	4월	5월	6월	7월	8월
비용	5	5	6	0	6	7	7	0

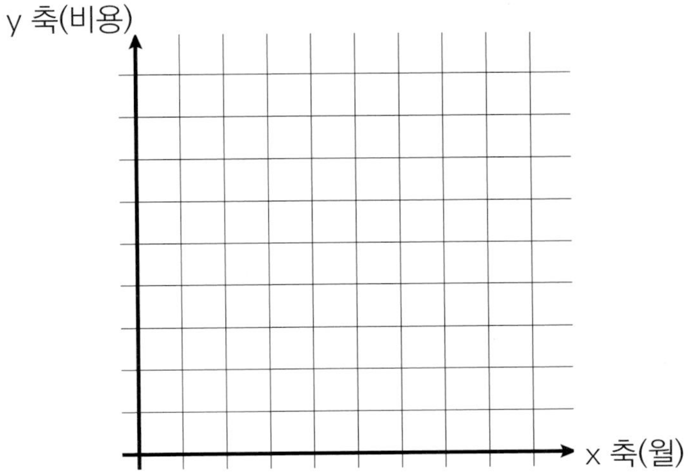

(2) 위의 (1) 의 표를 다른 형식의 그래프로 표현해 보세요. [10 점]

3 회 모의고사 시작

꾸러미 모의고사

3회

- 총 문제수 : 8 문제
- 시험시간 : 70 분
- 총점 : 100 점
- 문항에 따라 배점이 다릅니다.
- 필기구외에 계산기등은 사용할 수 없습니다.

	나의 점수	총 점수
모의고사 점 수		100점

문항분류
영재성검사
교과영역
수와 연산

01

☑ 유창성
☐ 융통성
☐ 독창성
☐ 정교성

아래 <보기> 는 1 ~ 9 까지의 자연수 모두와 사칙연산기호, 괄호를 이용하여 계산 결과가 $\frac{1}{3}$ 인 식을 만든 것입니다. 1 ~ 9 까지의 숫자 모두와 사칙연산기호, 괄호를 자유롭게 이용하여 계산결과가 $\frac{1}{4}$ 인 식을 서로 다른 방법으로 3 가지 만들어 보세요. [15 점]

<보기>

$$(4 + 8) \div (1 + 2 \times 5 + 3 + 6 + 7 + 9) = \frac{1}{3}$$

방법 1	
방법 2	
방법 3	
방법 4	
방법 5	

정답 및 해설
예시 답안
……› p.20

02

☑ 유창성
☐ 융통성
☐ 독창성
☐ 정교성

문항분류
영재성검사
교과영역
도형

아래 <보기> 는 한 칸의 길이가 1 인 모눈종이에 넓이가 5 인 사각형을 그린 것입니다. 한 칸의 길이가 1 인 모눈종이에 넓이가 5 인 팔각형, 구각형, 십각형을 그려 보세요. [12 점]

<보기>

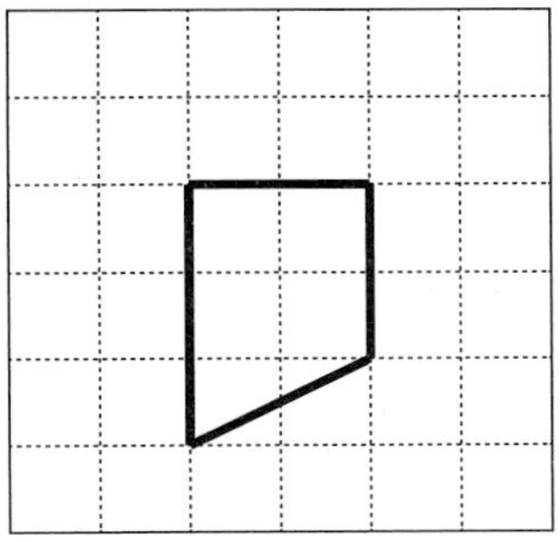

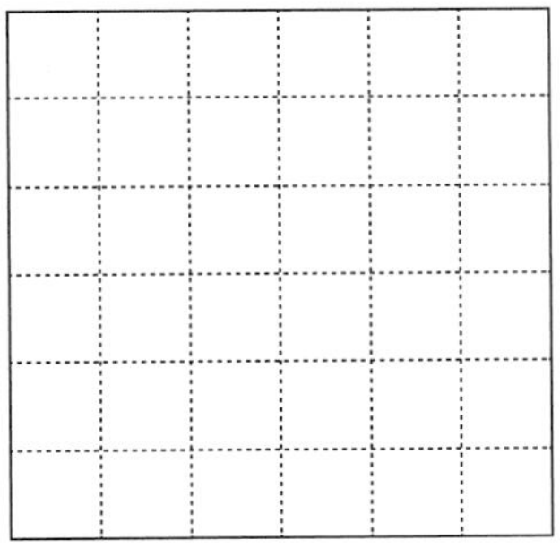

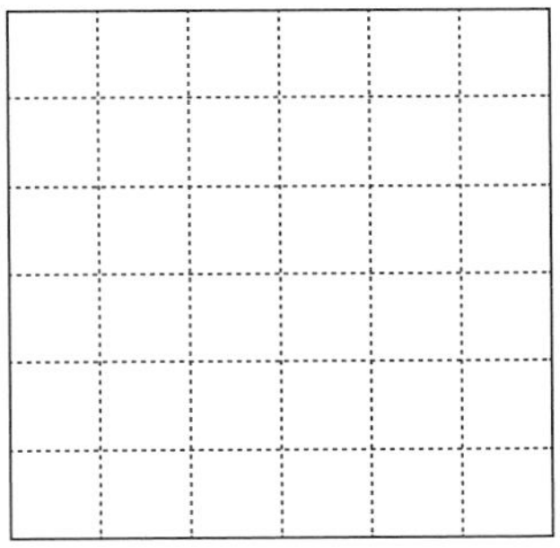

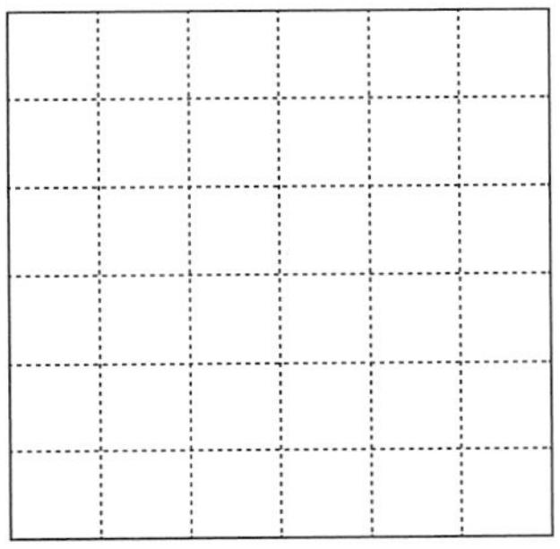

03

<자료> 를 보고 다음 질문에 답해 보세요. [10 점]

☑ 문제파악
☑ 문제해결
☑ 정확성

문항분류
창의적문제해결력
교과영역
자료와 가능성

<자료>

우리나라에서 가장 유명한 복권인 로또의 1 등 당첨확률은 $\frac{1}{8145060}$ 입니다. 1 등만 당첨금이 있고 당첨금액이 30 억원이라면 로또를 한 장 샀을 때의 기대값은 30 억 $\times \frac{1}{8145060}$ = 약 368.31 원 입니다. 따라서 로또 한 장이 1 천원이므로 수학적으로 한 장당 631.69 원 손해를 보는 것 입니다.

주사위를 굴려서 1 ~ 4 까지의 수가 나오면 나온 수의 100 배의 돈을 받고 5, 6 이 나오면 30 배의 돈을 지불해야 하는 게임에 참가하려고 합니다. 참가자가 수학적으로 손해보지 않는 최대 참가비를 풀이과정과 함께 구해 보세요.

풀이과정 :

정답 :

정답 및 해설
예시 답안
……› p.21

04

문제파악
문제해결
정확성

1 부터 1000 까지의 자연수가 있습니다. 이 중 임의로 2 개를 골라서 빼고 두 수를 곱한 수를 넣습니다. 이와 같은 방법으로 1 개의 수가 남을 때까지 수를 지우고 넣을 때, 마지막에 남는 수가 짝수인지 홀수인지 적고 그 이유를 적어 보세요. [10 점]

문항분류
창의적문제해결력
교과영역
수와 연산, 자료와 가능성

정답 :

이유 :

문항분류
창의적문제해결력
교과영역
도형, 규칙성

05

☑ 문제파악
☑ 문제해결
☑ 정확성

아래 <보기> 와 같이 정이십면체의 모든 꼭지점을 한 변의 길이의 $\frac{1}{5}$ 만큼씩 잘랐을 때, 만들어지는 도형의 꼭지점, 면, 모서리의 개수를 풀이과정과 함께 구해 보세요. [10 점]

<보기>

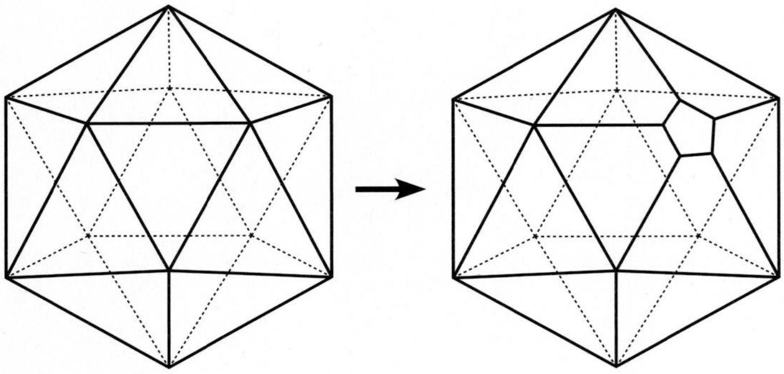

풀이과정 :

꼭지점의 개수 :

면의 개수 :

모서리의 개수 :

정답 및 해설
예시 답안
……› p.23

06

문제파악
문제해결
정확성

문항분류
창의적문제해결력
교과영역
측정

아래와 <보기> 와 같이 정사각형 ABCD 내부에 정삼각형 BEC와 FGC 를 그렸습니다. 이 때, 생기는 각 BOG 의 크기를 풀이 과정과 함께 구해 보세요. [10 점]

<보기>

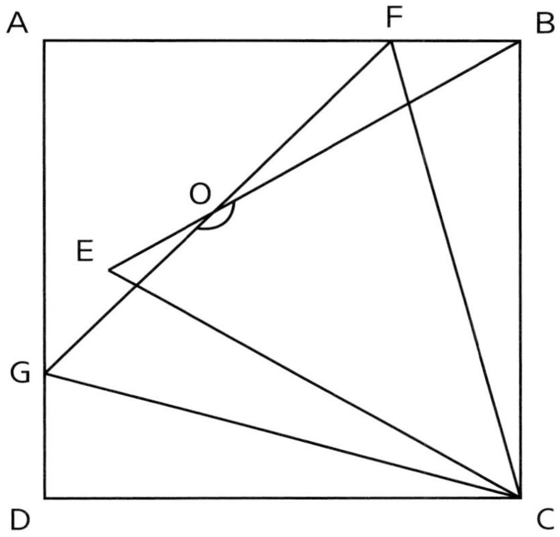

풀이과정 :

모서리의 개수

07

☑ 문제파악
☑ 문제해결
☑ 정확성

문항분류
창의적문제해결력
교과영역
규칙성

무한이에게는 1 ~ 192 까지의 숫자가 적혀 있는 숫자 카드가 한 장씩 있습니다. 아래 <보기> 와 같이 작은 수가 적혀 있는 카드가 위로 오도록 쌓은 뒤, 맨 위의 카드를 버리고 바로 밑의 카드는 맨 밑으로 보내는 시행을 반복합니다. 다음 물음에 답하세요. [13 점]

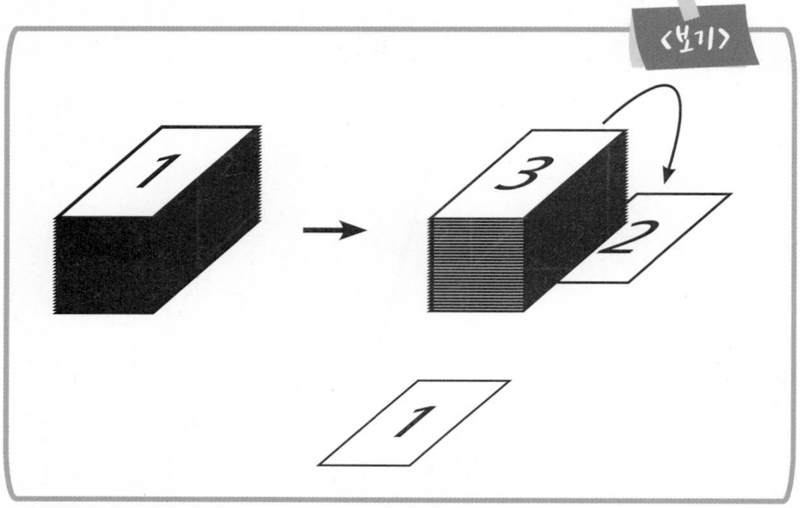

(1) 처음으로 4 의 배수만 남을 때까지 위의 시행을 반복한다면 몇 번의 시행을 거쳐야 할지 적어 보세요. [6 점]

풀이과정 :

정답 :

정답 및 해설
예시 답안
·······> p.25

(2) 마지막에 남는 카드에 적혀 있는 수를 풀이과정과 함께 적어 보세요. [7 점]

풀이과정 :   **정답 :**

08

문제파악
문제해결
정확성

다음 자료를 읽고 물음에 답하세요. [20 점]

<자료>

우리는 도형의 넓이를 구할 때, 대부분 널리 알려진 도형의 넓이를 구하는 공식(정사각형, 직사각형, 평행사변형의 넓이 = 밑변의 길이 × 높이, 삼각형의 넓이 = 밑변의 길이 × 높이 ÷ 2, 사다리꼴의 넓이 = (밑변의 길이 + 윗변의 길이) × 높이 ÷2, 원의 넓이 = 반지름의 길이 × 반지름의길이 × 원주율)을 이용합니다. 하지만 도형 중에서는 이러한 간단한 공식만으로는 넓이를 구할 수 없는 도형들이 많습니다. 이러한 도형들의 넓이를 구할 때는 해당 도형을 간단한 공식으로 구할 수 있는 도형으로 변형시키거나, 비교하여 넓이를 구하는 것이 효율적입니다. 헝가리 출신의 퀴르슈차크는 정십이각형의 넓이를 정사각형과 비교하여 넓이를 구할 수 있는 방법으로서 퀴르슈차크 타일을 고안하였습니다. 방법은 다음과 같습니다.

① 바깥 정사각형의 변을 한 변으로 갖는 4 개의 정삼각형을 정사각형의 내부에 그립니다.
② 4 개의 정삼각형의 꼭지점을 이어서 작은 정사각형을 그립니다.
③ 4 개의 정삼각형의 꼭지점과 작은 정사각형의 꼭지점을 연결한 직선이 서로 만나는 점을 찾습니다.
④ ③ 에서 찾은 점과 작은 정사각형의 한 변의 중점을 잇습니다.
⑤ ③ 에서 찾은 점들을 서로 수직이 되도록 잇습니다.
⑥ 작은 정사각형 내부에 정십이각형이 만들어지고 이 정십이각형의 넓이 × $\frac{4}{3}$ 를 하면 작은 정사각형의 넓이가 됩니다.

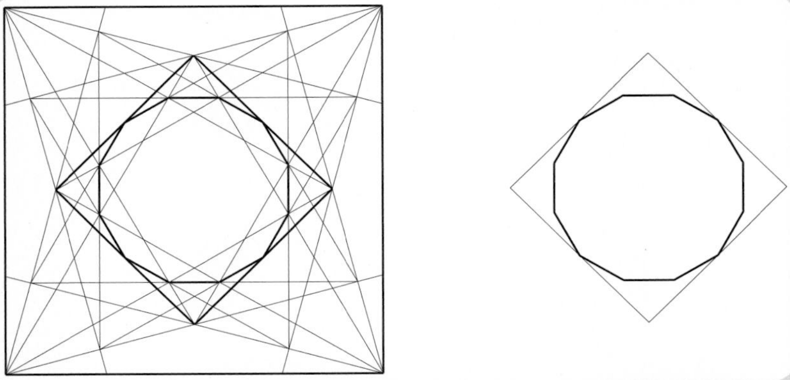

▲ 퀴르슈차크 타일 만들기

정답 및 해설
예시 답안
·······› p.26

문항분류
수학 STEAM
교과영역
도형, 측정

(1) 크기가 같은 정사각형 5 개를 붙여서 아래와 같은 십자 모양의 도형을 만들었습니다. 선분 AB 의 길이가 10 일 때, 이 도형의 넓이를 풀이과정과 함께 구해 보세요. [8 점]

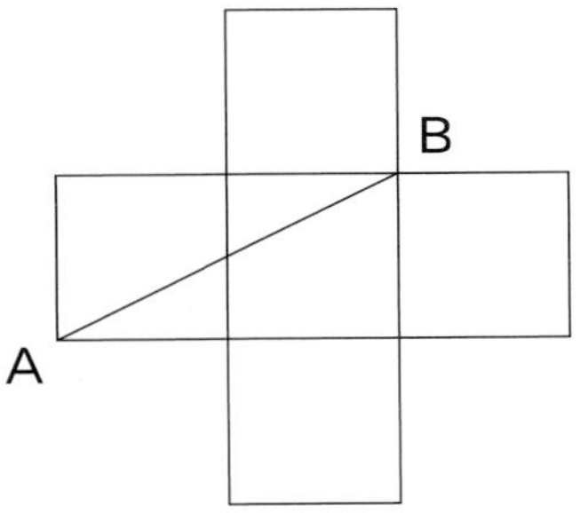

(2) 퀴르슈차크 타일에서 정십이각형의 넓이 × $\frac{4}{3}$ 와 정사각형의 넓이가 같은 이유를 적어 보세요. (힌트 : 아래와 같이 정삼각형과 가장 큰 각이 150°인 이등변삼각형으로 정십이각형의 내부를 나눠 보세요.) [12 점]

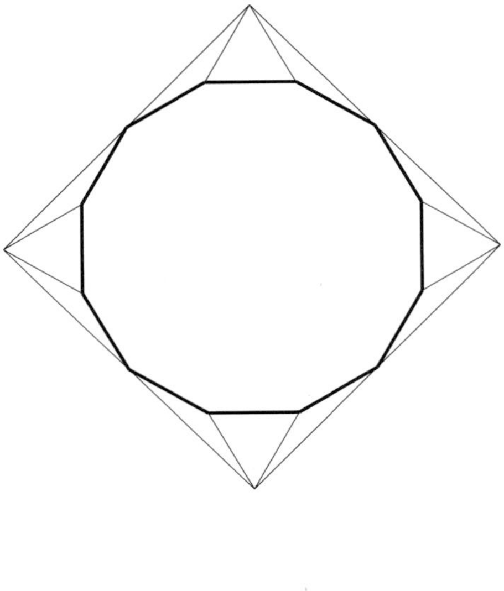

4 회 모의고사 시작

꾸러미 모의고사

4회

- 총 문제수 : 8 문제
- 시험시간 : 70 분
- 총점 : 100 점
- 문항에 따라 배점이 다릅니다.
- 필기구외에 계산기등은 사용할 수 없습니다.

	나의 점수	총 점수
모의고사 점 수		100점

01

☑ 유창성
☑ 융통성
☐ 독창성
☐ 정교성

문항분류
영재성검사
교과영역
수와 연산

수학적으로 1 + 1 = 2 입니다. 하지만 일상에서는 <보기> 와 같이 1 + 1 =1 이 되는 경우가 많습니다. <보기> 와 같이 1 + 1 = 1 이 되는 문장을 5 가지 만들어 보세요. [10 점]

<보기>

500 원 동전 2 개가 1000 원 지폐 1 장이 됩니다.

문장 1	
문장 2	
문장 3	
문장 4	
문장 5	

정답 및 해설
예시 답안
……› p.28

02

☑ 유창성
☑ 융통성
☐ 독창성
☐ 정교성

다음 <보기> 와 같이 대답이 11 로 나올 수 있는 질문을 5 가지 만들어 보세요.(단, 단순한 수학연산은 정답으로 인정하지 않습니다.) [10 점]

문항분류
영재성검사
교과영역
수와 연산

<보기>

축구 경기를 할 때 한 팀은 몇 명인가요?

질문 1	
질문 2	
질문 3	
질문 4	
질문 5	

03

- 문제파악
- 문제해결
- 정확성

문항분류
창의적문제해결력
교과영역
수와 연산, 자료와 가능성

다음 <보기> 와 같이 아래 두 수의 합을 위의 빈칸에 적는 방식으로 모든 빈칸을 채우려고 합니다. ㉠ ~ ㉤ 에 순서상관없이 5, 6, 7, 8, 9 를 한 번씩 넣으려고 할 때, ㉮ 에 들어갈 수 있는 가장 큰 수를 풀이과정과 함께 구해 보세요. [10 점]

<보기>

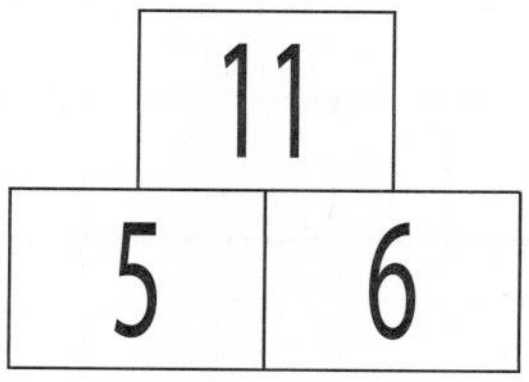

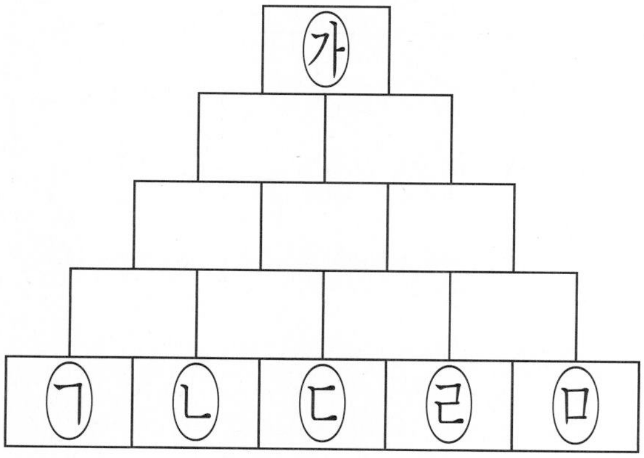

풀이과정 :

정답 :

정답 및 해설
예시 답안
······› p.30

04

☑ 문제파악
☑ 문제해결
☑ 정확성

문항분류
창의적문제해결력
교과영역
수와 연산, 자료와 가능성

아래 그림과 같이 2층으로 된 가운데가 뚫려 있는 육면체 모양의 토끼 우리가 있습니다. 각 층에 8 개, 총 16 개의 방이 있습니다. 다음 <조건> 을 모두 만족하도록 각 방에 토끼들을 넣으려고 합니다. 다음 물음에 답하세요. [12 점]

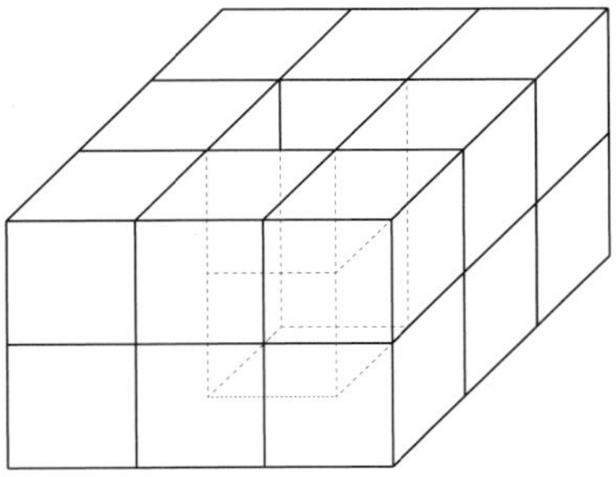

<조건>

1. 16 개의 방 모두 토끼 1 마리 이상은 넣어야 합니다.
2. 하나의 방에는 토끼를 최대 3 마리까지만 넣을 수 있습니다.
3. 정면, 왼쪽, 오른쪽, 뒤에서 봤을 때 정면에 보이는 6 개의 방에는 총 11 마리의 토끼가 있어야 합니다.
4. 위층의 8 개의 방에 들어있는 토끼 수는 아래층의 8 개의 방에 들어있는 토끼 수의 2 배입니다.

토끼는 총 몇 마리일지 풀이과정과 함께 적어 보세요. (단, 정답은 2 가지입니다.)

풀이과정 :

정답 :

05

☑ 문제파악
☑ 문제해결
☑ 정확성

다음 <보기> 와 같이 한 변의 길이가 10 인 정사면체의 각 모서리의 중점을 이었습니다. 정사면체의 전개도에 모서리의 중점을 이은 선을 표시해보고 선의 길이를 구해 보세요. [10 점]

문항분류
창의적문제해결력
교과영역
도형, 측정

<보기>

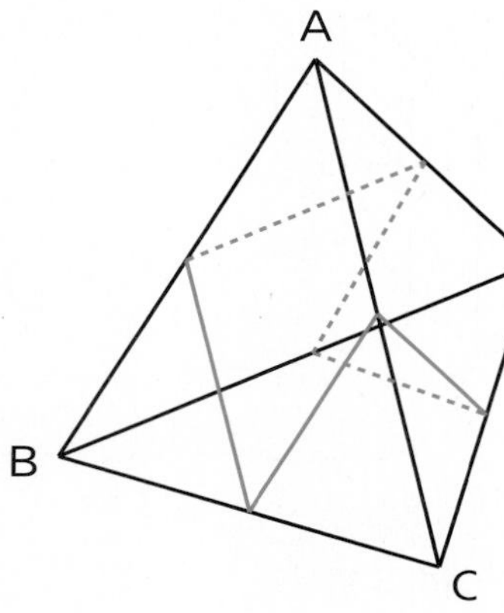

정사면체 전개도

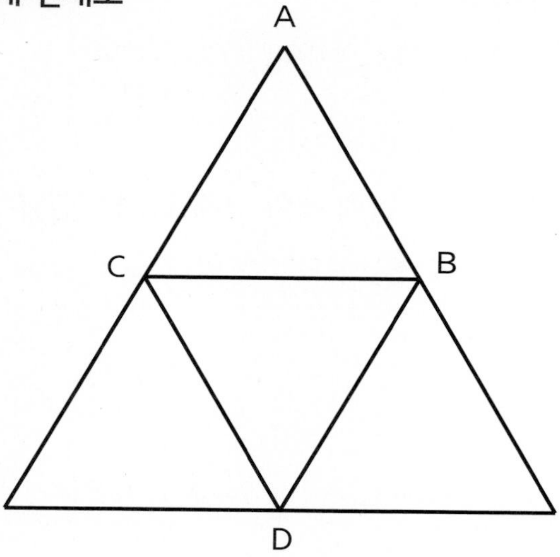

선의 길이 :

정답 및 해설
예시 답안
.......› p.32

문항분류

창의적문제해결력

교과영역

규칙성

06

문제파악
문제해결
정확성

다음 <보기> 는 2020 년 1 월의 달력입니다. ㉠ 은 2020 년 몇 월의 달력일지 이유와 함께 적어 보세요. (단, 2020 년은 윤년이므로 2 월 29 일이 있는 해입니다.) [12 점]

<보기>

일	월	화	수	목	금	토
			1	2	3	4
5	6	7	8	9	10	11
12	13	14	15	16	17	18
19	20	21	22	23	24	25
26	27	28	29	30	31	

㉠

일	월	화	수	목	금	토
				1	2	3
4	5	6	7	8	9	10
11	12	13	14	15	16	17
18	19	20	21	22	23	24
25	26	27	28	29	30	31

월 :

이유 :

07

문제파악
문제해결
정확성

다음 <보기> 의 (가), (나) 도형과 형태를 모르는 도형 (다) 를 모두합쳐서 완성된 직육면체를 만들었습니다. 다음 물음에 답하세요. [16 점]

문항분류
창의적문제해결력
교과영역
도형, 측정

<보기>

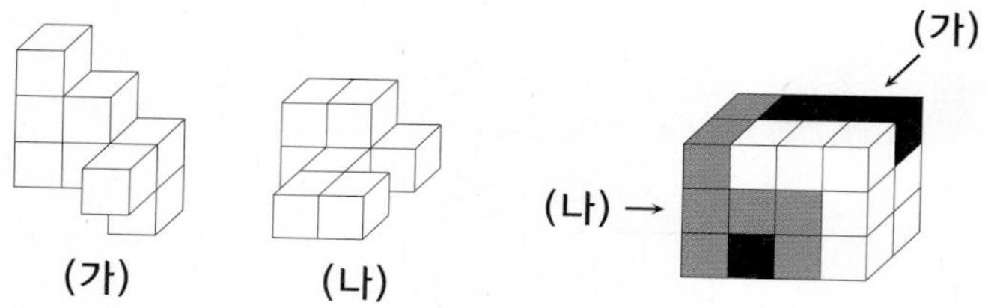

(1) 도형 (다) 를 그려 보세요. [8 점]

도형 (다)

정답 및 해설
예시 답안
……› p.34

(2) 도형 (가), (나), (다) 를 이루고 있는 정육면체블럭의 한 변의 길이가 4 라고 할 때, 직육면체에서 도형 (나) 와 (다) 가 맞닿아 있는 면의 넓이를 풀이과정과 함께 구해 보세요. [8 점]

풀이과정 :

넓이 :

08 다음 자료를 읽고 물음에 답하세요. [20 점]

☑ 문제파악
☑ 문제해결
☑ 정확성

<자료>

원소의 화학적 성질을 갖는 최소 단위를 '원자' 라고 합니다. 원자는 원자핵과 그 주위에 분포되어 있는 전자들로 구성되어 있습니다. 이러한 원자들이 화학 결합을 통해 구성한 최소의 단위체 즉, 우리 주변에 있는 물질을 구성하는 최소의 단위를 분자라고 지칭합니다. 서로 다른 원자들은 가지고 있는 전자수가 다르기 때문에 분자의 모양은 전자수에 따라 달라지게 됩니다. 예를 들어 S 와 F 로 이루어진 SF_6 의 경우 1 개의 S 와 6 개의 F 로 이루어진 분자로서 S 와 F 사이의 결합이 모두 같은 종류이고 대칭적이라면 거리는 모두 같아야 하고, F 들 사이의 거리도 모두 같아야 하므로 오른쪽 그림과 같이 팔면체 형태의 분자 모양이 됩니다.

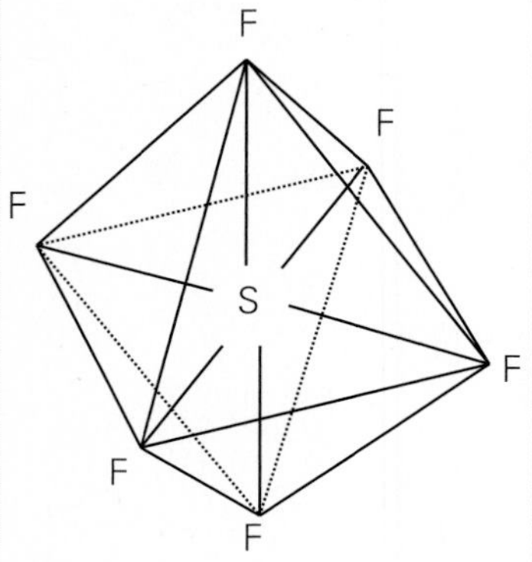

▲ 팔면체 모양의 SF_6

(1) 1 개의 C 와 4 개의 H 로 이루어진 CH_4 는 어떠한 분자 모양을 가지고 있을지 적어 보세요. [10 점]

문항분류
창의적문제해결력
교과영역
도형, 측정

분자 모양

정답 및 해설
예시 답안
·······› p.36

(2) 1 개의 P 주변에서 5 개의 Cl 이 대칭적으로 결합해서 분포한다면 어떤 분자모양을 될지 그려 보세요. [10 점]

분자 모양

5 회 모의고사 시작

꾸러미 모의고사

5회

- 총 문제수 : 8 문제
- 시험시간 : 70 분
- 총점 : 100 점
- 문항에 따라 배점이 다릅니다.
- 필기구외에 계산기등은 사용할 수 없습니다.

	나의 점수	총 점수
모의고사 점 수		100점

01

☑ 유창성
☑ 융통성
☐ 독창성
☐ 정교성

다음 사진은 우리나라에서 사용하는 동전을 찍은 사진입니다. 동전 1 개 또는 여러개로 금전적인 용도가 아닌 다른 용도로 사용할 수 있는 방법을 5 가지 적어 보세요. [10 점]

문항분류
영재성검사
교과영역
도형, 측정, 자료와 가능성

방법 1	
방법 2	
방법 3	
방법 4	
방법 5	

정답 및 해설
예시 답안
······› p.38

02

- ☑ 유창성
- ☑ 융통성
- ☐ 독창성
- ☐ 정교성

문항분류
영재성검사
교과영역
자료와 가능성

□ = 4 × ○ 이라고 한다면 ○ 이 변할 때마다 □ 도 그에 맞게 변하게 됩니다. 하나의 ○ 가 반드시 하나의 □ 와 관계가 있고, 이때 □ 는 이 ○ 외에 다른 것과는 관계가 없다면 □ 와 ○ 은 수학적으로 일대일로 대응한다라고 표현합니다. <보기>와 같이 우리의 일상생활에서 일대일로 대응하는 관계쌍을 5가지 적어 보세요. [10 점]

<보기>

① 자동차는 반드시 자동차 번호판과 일대일로 대응합니다.

② 마트에 있는 물건은 물건에 붙어있는 바코드와 일대일로 대응합니다.

관계쌍 1	
관계쌍 2	
관계쌍 3	
관계쌍 4	
관계쌍 5	

03

문제파악
문제해결
정확성

문항분류
창의적문제해결력
교과영역
수와 연산

아래 <조건> 을 모두 만족하는 자연수 모임을 만들고자 합니다. 만들 수 있는 모임 중 모임을 이루는 숫자들의 합이 가장 큰 모임을 A, 모임을 이루는 숫자들의 합이 가장 작은 모임을 B 라고 할 때, 모임 A, B 를 각각 구하고 풀이과정을 적어 보세요. [12 점]

<조건>

① 모임에서 가장 작은 수는 1 이고, 가장 큰 수는 25 입니다.

② 모임에서 1 을 제외한 모든 수는 그 모임에 있는 다른 수의 2 배나 그 모임에 있는 서로 다른 두 수의 합으로 표현될 수 있어야 합니다.

풀이과정

모임 A :

모임 B :

정답 및 해설
예시 답안
·······› p.39

04

☑ 문제파악
☑ 문제해결
☑ 정확성

가로, 세로, 높이의 길이가 모두 10 보다 작은 자연수인 직육면체가 있습니다. 이 직육면체의 6 개의 면 모두에 물감을 칠한 뒤 잘라서 한 변의 길이가 1 인 정육면체로 나눴습니다. 모두 나눈 후 확인했더니 하나의 면에도 물감이 묻어있지않은 정육면체가 105 개였다면, 1 개의 면에만 물감이 묻어있는 정육면체의 개수를 풀이과정과 함께 적어 보세요. [12 점]

문항분류
창의적문제해결력
교과영역
도형

풀이과정

정답 :

05

- 문제파악
- 문제해결
- 정확성

다음 <보기> 는 무한, 상상, 알탐, 영재 4 명이 각각 속한 4 개의 축구팀이 리그전을 진행하던 도중 무한이, 상상이, 알탐이네 축구팀의 성적을 적은 표입니다. 영재네 축구팀의 성적이 잘 기억이 나지 않아서 적지 못하고 있을 때, 이 시점에서 영재네 축구팀의 성적을 적어 보세요. [10 점]

문항분류
창의적문제해결력
교과영역
자료와 가능성

<보기>

팀	총 경기수	이긴 경기수	진 경기수	비긴 경기수	득점	실점
무한	3	2	0	1	2	0
상상	2	1	0	1	3	2
알탐	2	0	2	0	4	6
영재						

풀이과정

팀	총 경기수	이긴 경기수	진 경기수	비긴 경기수	득점	실점
영재						

정답 및 해설
예시 답안
······› p.42

06

☑ 문제파악
☑ 문제해결
☑ 정확성

오래된 시계 A 와 정확한 시계 B 가 있습니다. 이 오래된 시계의 분침과 시침은 정확한 시간 기준으로 66 분에 한 번씩 겹치게 됩니다. 이 오래된 시계와 정확한 시계를 비교하면 정확한 시계가 24 시간이 지났을 때 몇 분차이가 나는 것인지 풀이과정과 함께 적어 보세요. [12 점]

문항분류
창의적문제해결력
교과영역
측정

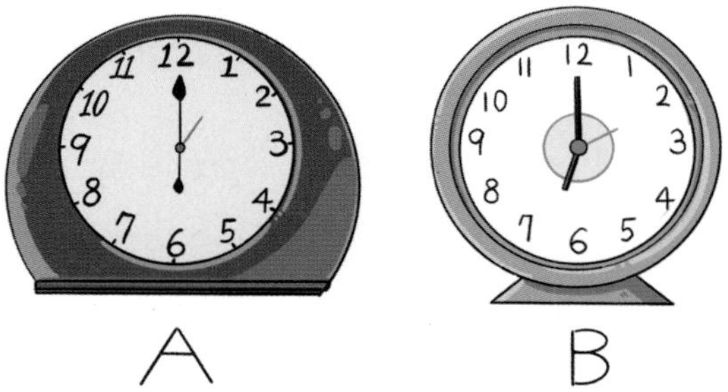

풀이과정

정답 :

07

문제파악
문제해결
정확성

다음 <보기> 는 일정한 규칙에 따라 수들을 나열한 것입니다. 다음 물음에 답하세요. [14 점]

문항분류
창의적문제해결력
교과영역
규칙성

<보기>

1 1 2 3 5 8 13 21 34 55 ...

(1) <보기> 와 같은 규칙으로 계속 수들을 나열할 때, 1200 번째 수를 11 로 나눈 나머지를 풀이과정과 함께 적어 보세요. [8 점]

풀이과정

정답

정답 및 해설
예시 답안
·······› p.44

(2) <보기> 의 수들을 (1), (1, 2), (3, 5, 8), (13, 21, 34, 55) 와 같이 앞에서부터 첫 번째 집단에는 1 개의 수, 두 번째 집단에는 2 개의 수, n 번째 집단에는 n 개의 수가 차례대로 들어가도록 수들을 묶을 때, 13 번째 집단에 있는 수들을 11 로 나눴을때 나오는 나머지를 모두 더한 값을 풀이과정과 함께 적어 보세요. [6 점]

풀이과정 :

넓이 :

08 다음 자료를 읽고 물음에 답하세요. [20 점]

- [x] 유창성
- [ ] 융통성
- [ ] 독창성
- [x] 정교성

<자료>

태양빛을 이용해서 발전하는 방식은 크게 태양열발전과 태양광발전 2 가지로 나뉩니다.

태양열발전이란 태양광선의 파동성질을 이용하는 태양에너지 이용분야로 태양열의 흡수, 저장, 열변환 등의 단계를 통하여 건물의 냉난방 등에 활용하는 기술입니다. 이 발전시스템은 크게 집열부, 축열부, 발전기로 구분할 수 있으며 각각의 역할을 다음과 같습니다. 집열부는 태양으로부터 오는 에너지를 모아 열로 변환하는 집열판등을 뜻하고 축열부에서는 이용할 곳에 활용될 매체(온수 등)를 저장하며 발전기에서는 변환된 에너지로 터빈을 돌려 전기를 만들어냅니다. 태양열발전방식은 초기에 발전시스템을 설치하는데 비용이 많이들고, 날씨와 계절에 영향을 많이 받는다는 단점이 있습니다.

태양광발전은 태양전지를 이용하여 태양빛을 직접 전기에너지로 바꾸는 발전방식입니다. 이 발전시스템은 태양전지, 축전지, 전력변환장치로 구성되어 있습니다. 태양열발전은 태양열 → 기계에너지 → 전기로 바뀌는 반면 태양광발전은 태양빛 → 전기로 바뀝니다. 태양광발전방식 또한 초기에 설치비용이 많이 든다는 점과 일조량에 영향을 많이 받는다는 단점이 있습니다.

집열판은 태양광선과 수직이 되도록 설치해야 가장 효율이 좋습니다.

▲ 집열판들의 모습

정답 및 해설
예시 답안
……› p.45

(1) <자료> 에 나와있는 태양열 발전방식이 가지는 장점을 2 가지 적어 보세요. [8 점]

문항분류
수학 STEAM
교과영역
측정, 자료와 가능성

(2) 아래의 집열판들은 <자료> 의 집열판들과는 다르게 지면에 거의 직각으로 세워져 있습니다. <자료> 의 집열판과 아래의 집열판 모두 가장 효율적으로 설치된 모습이라면 지구의 어느 위치에 있는 집열판들일지 이유와 함께 적어 보세요. [12 점]

<자료> 의 집열판 위치 :

문제 (2) 의 집열판 위치 :

이유 :

6 회 모의고사 시작

꾸러미 모의고사

6회

- 총 문제수 : 8 문제
- 시험시간 : 70 분
- 총점 : 100 점
- 문항에 따라 배점이 다릅니다.
- 필기구외에 계산기등은 사용할 수 없습니다.

모의고사 점 수	나의 점수	총 점수
		100점

01

- ☑ 유창성
- ☑ 융통성
- ☐ 독창성
- ☐ 정교성

세상의 모든 지식을 알고 있고, 모든 질문에 항상 진실만을 답해준다는 현자가 있습니다. 이 현자가 자신이 답하지 못하는 질문을 하는 사람에게 큰 상금을 걸었을 때, 이 상금을 탈 수 있는 질문을 3 가지 만들어 보세요. (단, 질문은 예, 아니오로만 답할 수 있는 질문이어야 합니다.) [12 점]

문항분류
영재성검사
교과영역
자료와 가능성

질문 1	
질문 2	
질문 3	

정답 및 해설
예시 답안
……› p.47

02

☑ 유창성
☑ 융통성
☐ 독창성
☐ 정교성

분자가 1 인 분수를 단위분수라고 합니다. 다음 <보기> 는 1 을 3 개의 단위분수의 합으로 나타낸 것입니다. 1 을 4 ~ 6 개의 단위분수의 합으로 나타내보세요. (단, 서로 다른 부분분수를 이용해야 합니다.) [12 점]

문항분류
영재성검사
교과영역
수와 연산

<보기>

$$1 = \frac{1}{2} + \frac{1}{3} + \frac{1}{6}$$

4 개의 단위분수	
5 개의 단위분수	
6 개의 단위분수	

03

☑ 문제파악
☑ 문제해결
☑ 정확성

다음 <보기> 의 ㉠ 은 정육면체의 꼭지점들을 2 개의 선분으로 이은 모습이며, ㉡ 은 정육면체의 변의 중점들을 2 개의 선분으로 이은 모습입니다. ㉠ 의 빨간색 선분 사이의 각도와 ㉡ 의 빨간색 선분사이의 각도를 각각 구하고 풀이과정을 적어 보세요. [10 점]

문항분류
창의적문제해결력
교과영역
도형

<보기>

㉠

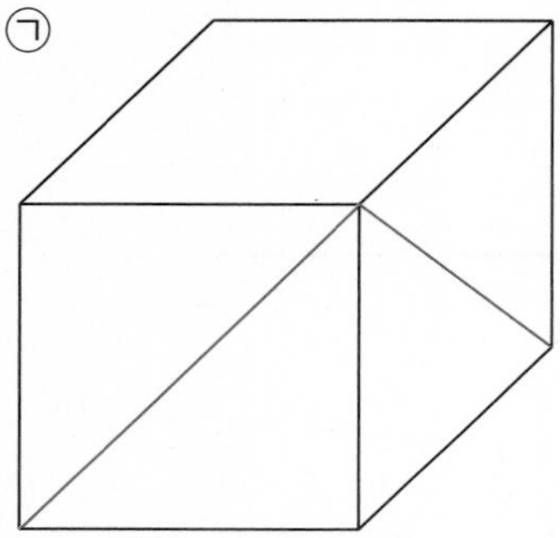

㉡

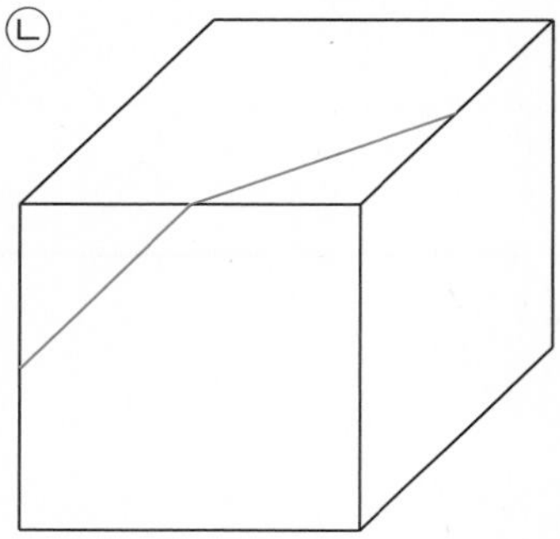

풀이과정

정답

정답 및 해설
예시 답안
·······> p.48

04

☑ 문제파악
☑ 문제해결
☑ 정확성

다음 <보기> 는 A, B 를 포함한 일곱 자리 수를 자릿수 형식으로 표현한 것입니다. 이 일곱 자리 수가 13 으로 나누어떨어질 때, 이를 만족하는 만의 자리수 A 와 백의 자리수 B 의 쌍을 풀이과정과 함께 가능한 많이 구해 보세요. [10 점]

문항분류
창의적문제해결력
교과영역
수와 연산, 자료와 가능성

<보기>

$$60A0B06 = 6 \times 10^6 + A \times 10^4 + B \times 10^2 + 6$$

풀이과정

정답

05

☑ 문제파악
☑ 문제해결
☑ 정확성

분수의 분자, 분모 중 적어도 하나가 분수의 꼴인 분수를 번분수라고 합니다. 다음 <보기> 와 같이 일정한 규칙에 따라 번분수를 적을 때, 10 번째에 있는 번분수를 계산한 값을 구하고 풀이과정을 적어 보세요. [12 점]

문항분류
창의적문제해결력
교과영역
수와 연산, 규칙성

<보기>

$$\frac{1}{1+\frac{1}{1}} \qquad \frac{1}{1+\frac{1}{1+\frac{1}{1}}} \qquad \frac{1}{1+\frac{1}{1+\frac{1}{1+\frac{1}{1}}}}$$

〈1 번째〉 〈2 번째〉 〈3 번째〉

풀이과정

정답

정답 및 해설
예시 답안
……› p.50

06

☑ 문제파악
☑ 문제해결
☑ 정확성

다음 <보기>와 같이 밑면의 반지름의 길이가 4, 모선의 길이가 24 인 원뿔이 바닥에 쓰러져 있습니다. 원뿔의 꼭지점 A 를 중심으로 이 원뿔이 정확히 5 바퀴 굴렀을때, 이 원뿔의 옆면이 바닥과 닿은 면적의 넓이를 구하고 풀이과정을 적어 보세요. (단, 원주율은 3.14 로 계산합니다.) [10 점]

문항분류
창의적문제해결력
교과영역
도형, 측정

<보기>

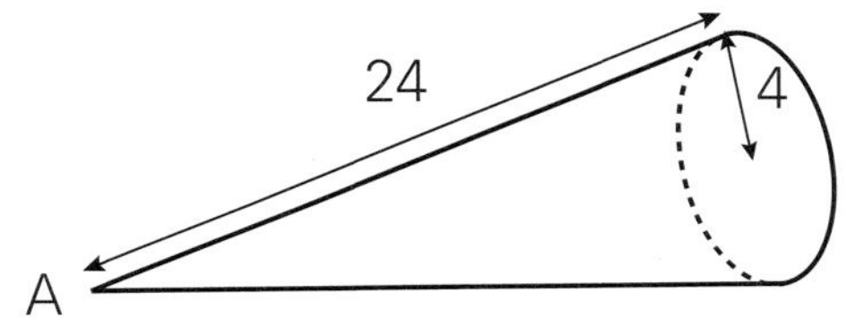

풀이과정

정답

07

문제파악
문제해결
정확성

아래 그림과 같이 AB 의 길이가 2 , BC 의 길이가 3 인 삼각형 ABC 가 있습니다. 다음 물음에 답하세요. [18 점]

문항분류
창의적문제해결력
교과영역
도형, 측정

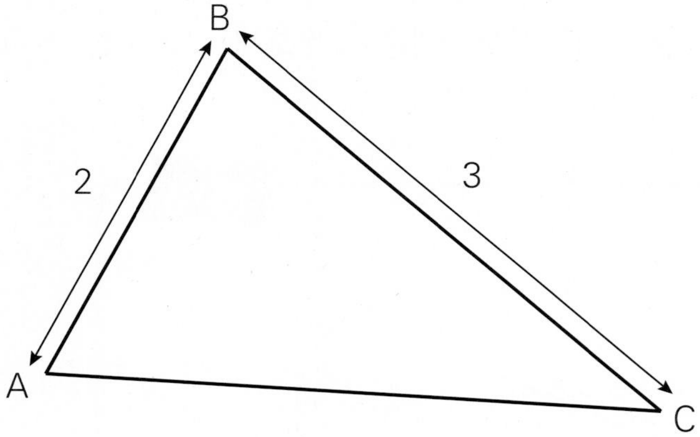

위의 삼각형을 다음 <보기> 와 같이 꼭지점 A 를 기준으로 꼭지점 B 가 변 BC 에 도달할때까지 평면상에서 회전시켰습니다. 꼭지점 B 와 C 가 회전이동된 점을 B', C' 이라고 할때, △ABC 와 △AB'P 의 넓이의 비를 구하고 풀이과정을 적어 보세요.

<보기>

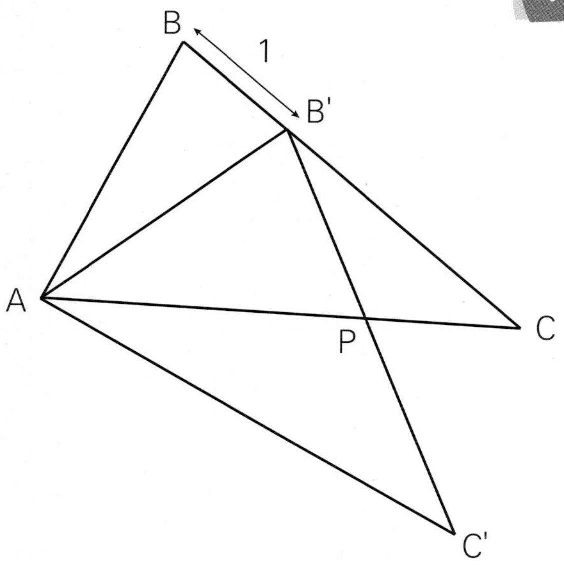

정답 및 해설
예시 답안
·······› p.52

팁 : 호 ab 에 대한 두 원주각 ∠acb 와 ∠adb 의 크기는 같습니다.

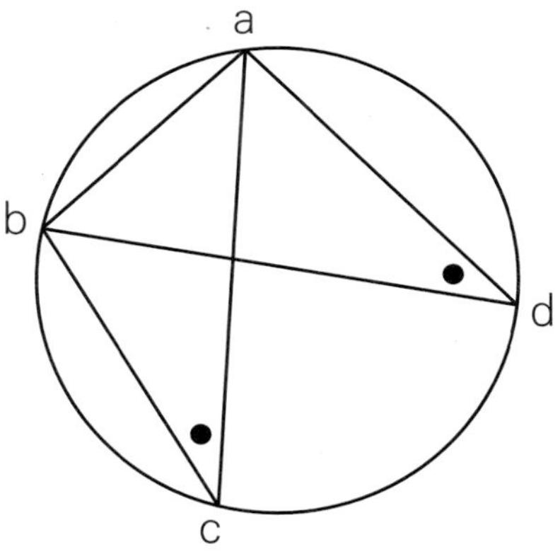

풀이과정

정답

08

☑ 문제파악
☑ 문제해결
☑ 정확성

다음 자료를 읽고 물음에 답하세요. [20 점]

<자료>

빛이 어느 한 물질에서 다른 물질로 진행할 때 경계면에서 진행 방향이 꺾이는 현상을 빛의 굴절이라고 합니다. 이러한 현상이 발생하는 이유는 물질에 따라서 빛의 속도가 달라지기 때문입니다. 속도가 느린 물질에서 속도가 빠른 물질로 이동할 때는 입사각보다 굴절각이 더 크게 진행하며, 속도가 빠른 물질에서 속도가 느린 물질로 이동할 때는 입사각이 굴절각보다 더 크게 진행합니다. 옆의 그림은 입사각이 굴절각보다 크게 빛이 진행하므로 빛의 속도는 물질 2 보다 물질 1 에서 빠릅니다. 진공 중에서 빛의 속도와 비교했을 때 해당 물질에서 빛의 속도가 느려지는 정도를 굴절률이라고 하며 공식은 다음과 같습니다.

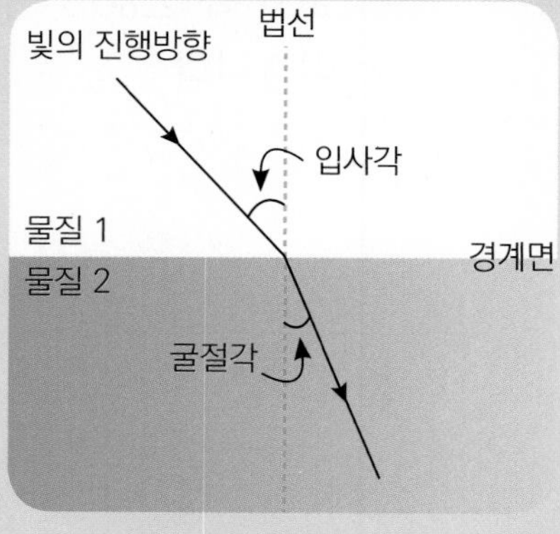

▲ 물질에 따른 빛의 진행방향

$$\text{굴절률} = \frac{\text{진공에서 빛의 속도}}{\text{물질에서 빛의 속도}}$$

빛의 속도는 진공에서 가장 빠르기 때문에 굴절률은 언제나 1 이상입니다.

(1) 굴절률은 공기 < 물 < 유리 < 다이아몬드 순으로 큽니다. 공기 중에서 빛의 진행방향이 아래와 같을때 각 물질에서 빛의 진행방향을 대략적으로 선으로 나타내 보세요. [8 점]

문항분류
창의적문제해결력
교과영역
도형, 측정

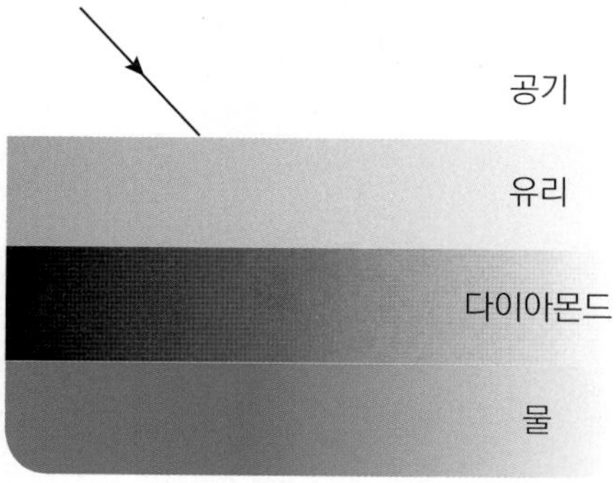

정답 및 해설
예시 답안
……› p.54

(2) <자료> 에서의 빛의 굴절때문에 물 속에 있는 물체를 물 밖에서 보면 아래 그림과 같이 실제로 있는 위치보다 위로 떠있는 위치에서 보이게 됩니다. 아래 그림에서 사람은 그대로 있고 물체를 두꺼운 화살표방향으로 움직인다면 이 물체는 어떻게 보여지게 될지 적어 보세요. [12 점]

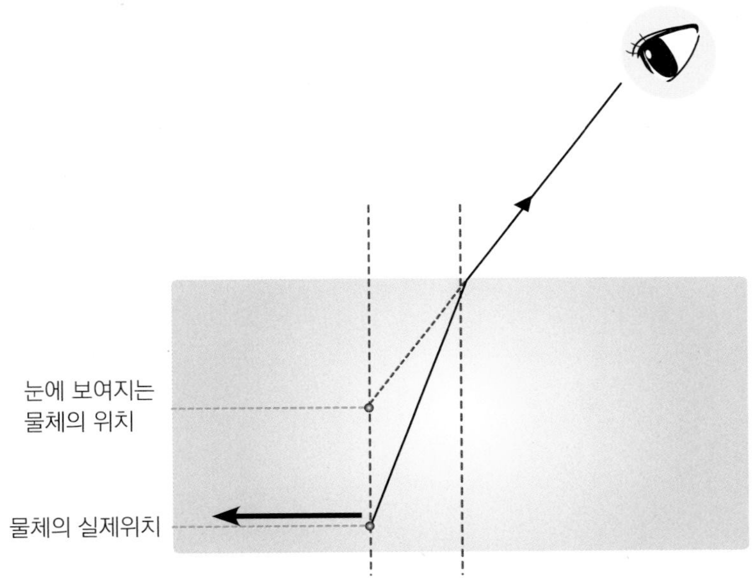

정답

수고하셨습니다.

memo

세상은 재미난 일로
가득 차 있지요!

꾸러미 동산에 잘 오셨어요!
잠 좀 깨우지 않기!

무엇부터 할까?
친구들 안뇽!

아이앤아이

영재교육원 대비

꾸러미 48제 모의고사

정답 및 해설 & 예시 답안

수학

초등6~중등

정답 및 해설 & 예시 답안

수학
초등6~중등

나의 문제 해결력이 맞는지 체크하고
창의력 점수를 매겨보자

1회 꾸러미 48제 모의고사

· 총 8 문제입니다. 각 평가표에 있는 기준별로 배점을 했습니다. / 단원 말미에서 성취도 등급을 확인하세요.

· 창의성 평가 (1, 2, 8 번 문항) – 질문의 의도에 타당한 답변의 개수로 유창성을 평가하며, 그 답변 중 서로 범주가 겹치지 않는 답변의 개수로 융통성을 평가합니다. 남들과는 다른 본인만의 방법을 제시하는 것으로 독창성을 평가하며, 주요단어를 포함한 문장을 제시한 경우 정교성에서 추가적인 점수를 받을 수 있습니다. (단, 정교성에서 추가점수를 받더라도 해당 문항의 총점을 넘게 받을 수 없습니다.)

· 창의적 문제해결력 평가(3 ~ 8 번 문항) – 풀이과정과 정답을 모두 요구하는 문항으로서 문제 파악 능력, 문제 해결 능력, 정확성을 평가합니다.

· 수학 STEAM(8 번 문항) – 스팀문항으로 창의성 평가와 창의적 문제해결력 평가가 모두 이루어집니다.

· 교과영역은 수와 연산, 도형, 측정, 규칙성, 자료와 가능성 총 5 가지에서 고르게 출제하였습니다.

문 01
P. 8

난이도 : 상

문항 분석

⟶ **문항 분석 : 집단이 다르면 단순 통계자료를 토대로 두 집단을 비교하면 이와 같은 오류가 발생할 수 있습니다. 이와 같은 생각을 해보며 통계의 오류에 대해 알아보도록 합니다.**

평가요소 및 평가표

⟶ **교과영역 및 평가요소 :**

교과영역	창의성 평가요소
자료와 가능성	유창성, 융통성, 정교성

⟶ **평가표 :**

유창성 : 6점			융통성 : 6점			정교성 : 3점		
	채점기준	배점		채점기준	배점		채점기준	배점
타당한 문장의 개수	1 개	2점	범주가 다른 문장의 개수	1 개	2점	문장에 포함된 주요 단어	전체대비 비율	1점
	2 개	4점		2 개	4점		신빙성	1점
	3 개	6점		3 개	6점		과거의 자료	1점
						총점		12점

출제자 예시 답안

⟶ **① 군인의 수와 민간인의 수는 같지 않습니다. 따라서 사망자 수는 민간인이 많을 수 있지만 전체대비 비율은 민간인의 사망율이 더 적을 것입니다.**

② 과거의 전쟁과 현재의 전쟁은 무기의 화력이나 기술적인 부분이 크게 차이가 납니다. 따라서 과거의 자료를 토대로 현재의 전쟁에 대해 말하는 것은 신빙성이 없습니다.

③ 전쟁이라는 것은 변수가 많습니다. 하나의 전쟁기록을 놓고 다음에도 이와 비슷할 것으로 예측하는 것은 신빙성이 없습니다.

문 02
P. 9

난이도 : 상

문항 분석

—> 문항 분석 : 줄자등을 이용하지 않아도 대략적인 높이를 측정할 수 있는 방법에 대해 알아보는 문항입니다.
비교할 수 있는 대상을 찾아서 측정하는 방법을 알아보도록 합니다.

평가요소 및 평가표

—> 교과영역 및 평가요소 :

교과영역	창의성 평가요소
측정	유창성, 융통성

—> 평가표 :

유창성 : 6점			융통성 : 6점		
	채점기준	배점		채점기준	배점
타당한 문장의 개수	1 개	2점	범주가 다른 문장의 개수	1 개	2점
	2 개	4점		2 개	4점
	3 개	6점		3 개	6점
			총점		12점

출제자 예시 답안

—> ① 나무의 옆에 서서 사진을 찍은 후 내 키와 비교해서 대략적인 높이를 알 수 있습니다.

② 태양이 떠있는 시간대를 생각해서 각도와 그림자의 길이로 대략적인 높이를 알 수 있습니다.

③ 나무와 높이가 비슷한 건물의 옥상에 올라가 지면으로 공을 떨어트리면 공이 지면에 닿는 시간을 측정해서 대략적인 높이를 알 수 있습니다.

④ 지면에서 공을 수직으로 나무의 꼭대기 높이까지 올라가도록 던진 후 다시 지면에 닿는 시간을 측정해보면 대력적인 높이를 알 수 있습니다.

⑤ 새의 다리에 실을 묶어서 나무 꼭대기에 앉게한 후 실의 길이를 측정해봅니다.

문 03
P. 10

난이도 : 상

문항 분석

—> 문항 분석 : 만들 수 있는 사각형의 넓이가 최대가 되기 위해서는 A 점은 사각형의 내부에 있어야 합니다.
두 변으로 삼각형을 만들때 넓이가 최대가 되기 위한 사이각을 생각해보도록 합니다.

평가요소 및 평가표

—> 교과영역 및 평가요소 :

교과영역	창의적 문제해결력 평가요소
도형	문제 파악 능력, 문제 해결 능력, 정확성

—> 평가표 :

	채점기준	배점
문제 파악 능력 (문제 이해)	점 A 가 사각형의 내부에 있도록 배치	1점
	선분을 서로 직각으로 배치	3점
문제 해결 능력 (해결 과정)	직각으로 배치한 후 넓이 3 가지 구하기	3점
	넓이 3 가지 비교하기	1점
정확성 (정답)	문제에서 요구한 정답 구하기	2점
총점		10점

정답 및 해설

—> 풀이과정

① 문제 <보기> 에서 알 수 있듯이 점 A 가 사각형의 내부에 위치할 때가 외부에 위치할 때보다 사각형의 넓이가 더 큽니다.

② 선분 AE 와 선분 AB 를 삼각형의 두 변이라고 생각하자. 그렇다면 아래와 같이 직각으로 연결되어 있을 때, 삼각형의 높이가 최대가 되고 따라서 넓이가 최대가 됩니다.

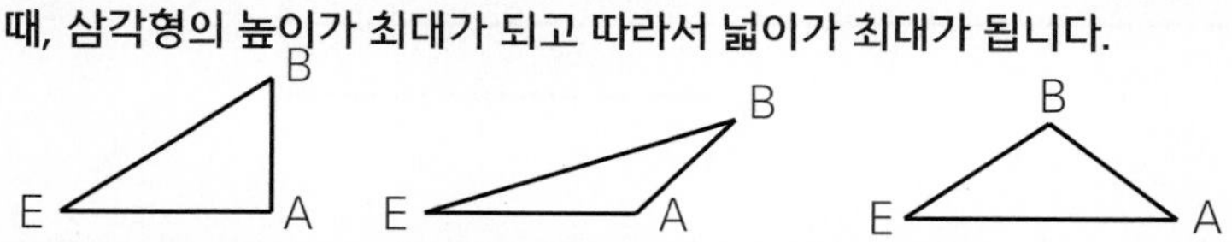

③ 선분을 서로 직각으로 배치하는 방법은 아래의 3 가지입니다.

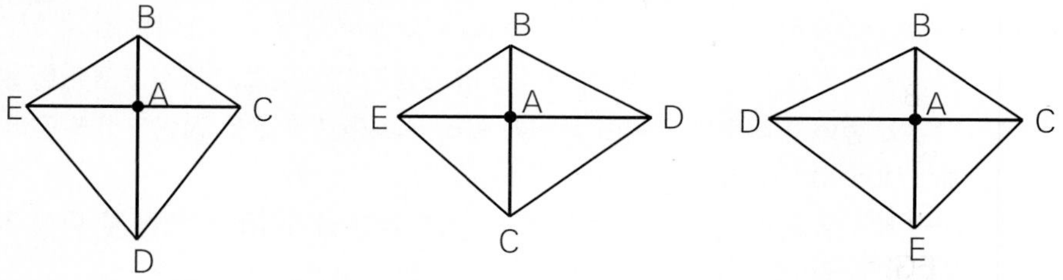

④ 첫 번째 사각형의 넓이 : 529, 두 번째 사각형의 넓이 : 513, 세 번째 사각형의 넓이 : 520

⑤ 첫 번째 사각형의 넓이가 가장 크므로 끝점 B, C, D, E 를 이어서 만든 사각형 BCDE 의 최대 넓이이다.

—> 사각형 BCDE 의 최대 넓이 : 529

문 04

P. 11

난이도 : 상

문항 분석

—> 문항 분석 : 밑변의 길이가 같은 삼각형의 넓이가 같다는 점을 이용해서 문제를 해결해보도록 합니다.

평가요소 및 평가표

—> 교과영역 및 평가요소 :

교과영역	창의적 문제해결력 평가요소
도형, 측정	문제 파악 능력, 문제 해결 능력, 정확성

→ **평가표 :**

	채점기준	배점
문제 파악 능력 (문제 이해)	문제 풀이에 필요한 연장선 긋기	2점
	넓이가 같은 삼각형 찾기	3점
문제 해결 능력 (해결 과정)	회색 사각형의 넓이와 비교계산하기	3점
정확성 (정답)	문제에서 요구한 정답 구하기	2점
총점		10점

정답 및 해설

→ **풀이과정**

① 아래와 같이 두 가지로 연장선을 그어봅니다.

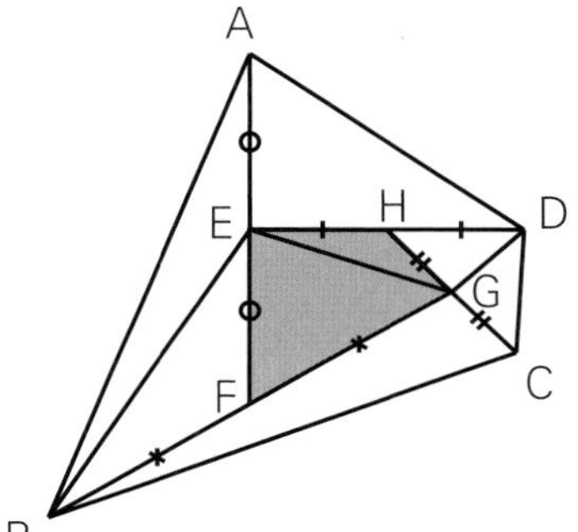

방법 A

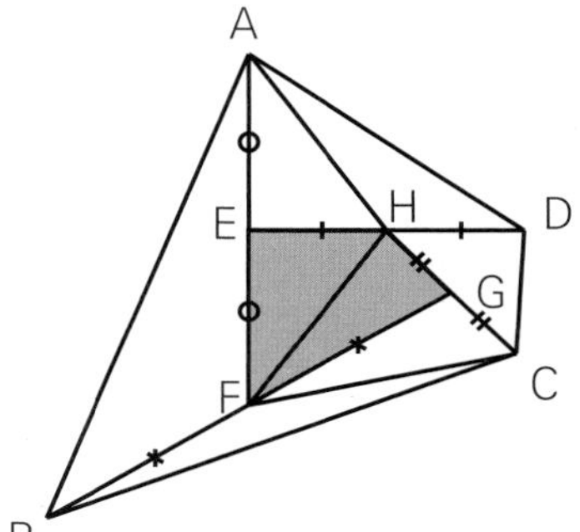

방법 B

② 방법 A 에서 넓이가 같은 삼각형은 다음과 같습니다.

△EFG 의 넓이 = △BEF 의 넓이 = △ABE 의 넓이

△EGH 의 넓이 = △DGH 의 넓이 = △CDG 의 넓이

③ 방법 B 에서 넓이가 같은 삼각형은 다음과 같습니다.

△EFH 의 넓이 = △AEH 의 넓이 = △ADH 의 넓이

△FGH 의 넓이 = △CFG 의 넓이 = △BCF 의 넓이

④ ② 에서 (△ABF 의 넓이 + △CDH 의 넓이) 는 회색 사각형 EFGH 의 넓이의 2 배입니다.

⑤ ③ 에서 (△ADE 의 넓이 + △BCG 의 넓이) 는 회색 사각형 EFGH 의 넓이의 2 배입니다.

⑥ 사각형 ABCD 의 넓이 = △ABF 의 넓이 + △CDH 의 넓이 + △ADE 의 넓이 + △BCG 의 넓이 + 회색 사각형 EFGH 의 넓이 = 회색 사각형 EFGH 의 넓이 × 5 = 50

→ 사각형 ABCD 의 넓이 : 50

문 05
P. 12

난이도 : 상

문항 분석

→ 문항 분석 : 8 을 곱하면 두 자리수, 9 를 곱하면 세 자리수가 되는 두 자리수는 12 뿐입니다.

평가요소 및 평가표

→ 교과영역 및 평가요소 :

교과영역	창의적 문제해결력 평가요소
수와 연산	문제 파악 능력, 문제 해결 능력, 정확성

→ 평가표 :

	채점기준	배점
문제 파악 능력 (문제 이해)	몫에서 0 의 위치찾기	2점
문제 해결 능력 (해결 과정)	8 을 곱하면 2 자리, 9 를 곱하면 3 자리가 되는 2 자리수 찾기	5점
정확성 (정답)	문제에서 요구한 정답 구하기	3점
총점		10점

정답 및 해설

→ 풀이과정

① 나눗셈식을 보면 몫에서 십의 자리, 천의 자리, 백만의 자리는 나눗셈 계산이 없으므로 0 임을 알 수 있습니다.

② 제수와 몫의 8 을 곱하면 두 자리 수이지만 나머지는 모두 3 자리 수가 나오게 됩니다. 따라서 몫에서 0 과 8 을 제외한 나머지 자리수는 9 임을 알 수 있습니다.

③ 이러한 두 자리 수에 해당하는 제수는 12 뿐입니다.

④ 따라서 제수는 12, 몫은 90,990,809 입니다.

⑤ 피제수는 12 × 90,990,809 = 1,091,889,708 입니다.

→ 제수 : 12, 피제수 : 1,091,889,708

→ 해설

① 밑으로 계산식이 없습니다.

② 제수와 8 을 곱하면 두자리입니다.

③ 제수와 몫의 나머지를 곱하면 모두 세자리입니다.

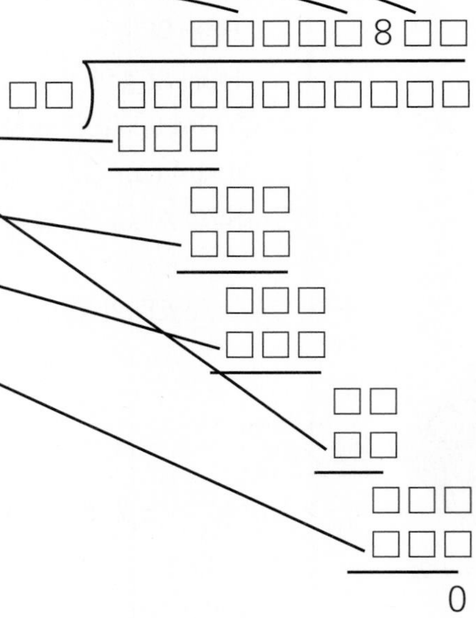

∴ 따라서 몫의 0 과 8 을 제외한 나머지 자리에 들어갈 수는 9 이고 8 을 곱하면 두 자리, 9 를 곱하면 세 자리가 되는 두 자리 수는 12 뿐입니다.

문 06
P. 13

난이도 : 상

문항 분석

⟶ 문항 분석 : 일의 자리부터 연속된 0 의 개수는 연산에 포함된 10 의 개수와 같다는 점을 이용해서 문제를 해결합니다.

평가요소 및 평가표

⟶ 교과영역 및 평가요소 :

교과영역	창의적 문제해결력 평가요소
수와 연산	문제 파악 능력, 문제 해결 능력, 정확성

⟶ 평가표 :

	채점기준	배점
문제 파악 능력 (문제 이해)	일의 자리에서 연속된 0 은 10 을 곱할 때 1 개씩 늘어나는 점 찾기	2점
문제 해결 능력 (해결 과정)	곱해서 10 이 나오는 수 찾기	2점
	10 이 총 몇 번 나오는지 계산하기	3점
정확성 (정답)	문제에서 요구한 정답 구하기	3점
총점		10점

정답 및 해설

⟶ 풀이과정

① 10 을 곱할 때마다 일의 자리부터 연속된 0 은 1 개씩 늘어납니다.

② 2 를 약수로 가진 수, 5 를 약수로 가진 수를 모두 찾으면 다음과 같습니다.
$5^7 \times 6^5$에서 5 는 7 개 있고, 2 는 5 개 있습니다. 따라서 10 은 5 개 나오게되고, 5 는 2 개 남습니다.
100 ! 에서는 5 보다 2 가 더 많이 나오게 됩니다. 따라서 5 의 개수만 찾으면 10 의 개수가 됩니다.
1 ~ 100 까지의 수에서 5 의 배수는 20 개, 5^2 의 배수는 4 개 나옵니다. 따라서 총 24 개가 나옵니다.
따라서 1 ~ 100 까지 곱한 수에서는 10 은 24 개 나오게 됩니다.

③ $5^7 \times 6^5$에서 남은 5 는 2 개이므로 100 ! 에서의 2 와 곱해지면 10 은 2 개가 나오게 됩니다.

③ 따라서 계산하면 10 이 총 31 개가 곱해지므로 일의 자리부터 연속된 0 의 개수는 31 개 입니다.

⟶ 연속된 0 의 개수 : 31 개

⟶ 해설

① 10 을 곱할 때마다 일의 자리 부터 연속된 0 이 1 개씩 늘어나므로 해당 문항은 10 을 몇 번 곱한 수인지 찾는 문항입니다.

② 10 이 몇 번 곱해져 있는지를 찾기 위해선 10 의 약수인 2 와 5 가 몇 개씩 곱해져 있는지를 찾아보면 됩니다.

③ 5 가 몇 번 곱해져 있는지를 찾기 위해선 5 의 배수의 개수와 5^2 의 배수의 개수를 찾아야 합니다. 이렇게 찾는 이유는 5^2 에는 5 가 2 번 곱해져 있기 때문입니다. 따라서 5 의 배수의 개수만 세면 5^2 에 있는 5 를 1 개만 세는 꼴이 되게 됩니다.

문 07
P. 14

난이도 : 상

문항 분석

→ 문항 분석 : 삼각형을 따라 수들을 적어나가며 규칙성을 찾아봅니다. 한 줄의 양 끝에 있는 수로는 주변의 6 개의 숫자를 찾을 수 없습니다.

평가요소 및 평가표

→ 교과영역 및 평가요소 :

교과영역	창의적 문제해결력 평가요소
규칙성	문제 파악 능력, 문제 해결 능력, 정확성

→ 평가표 : (1)

	채점기준	배점
문제 파악 능력 (문제 이해)	규칙찾기	2점
문제 해결 능력 (해결 과정)	100 이 있는 줄 계산하기	4점
정확성 (정답)	문제에서 요구한 정답 구하기	2점
총점		8점

→ 평가표 : (2)

	채점기준	배점
문제 파악 능력 (문제 이해)	규칙찾기	3점
문제 해결 능력 (해결 과정)	규칙을 수식화하고 계산하기	3점
정확성 (정답)	문제에서 요구한 정답 구하기	2점
총점		8점

정답 및 해설

→ 풀이과정

(1)

① 1 줄이 내려갈 때마다 숫자가 1 개씩 많아집니다.

② 13 번째 줄까지의 숫자 개수를 모두 더하면 다음과 같습니다. $1 + 2 + ... + 12 + 13 = 91$ (개)

③ 14 번째 줄에는 92 부터 14 개의 연속된 숫자가 있으므로 100 은 14 번째 줄에 있습니다.

(2)

① 5 주변에 있는 수 6 개를 모두 더하면 32 이고, 8 주변에 있는 수 6 개를 모두 더하면 50 이고, 9 주변에 있는 수 6 개를 모두 더하면 56 입니다.

② 이들은 모두 중앙에 있는 수에 6 을 곱하고 2 를 더한 수입니다.

③ 따라서 (주변에 있는 수 6 개를 더한 값) = (중앙에 있는 수 $\times$ 6 + 2) 입니다.

④ 590 은 $98 \times 6 + 2$ 입니다.

⑤ 98 은 (1) 문항에서 봤을 때 11 이나 15 와 같이 줄의 양끝에 있는 수가 아닙니다.

⑥ 따라서 98 주변에 있는 수 6 개를 모두 더하면 590 입니다.

⟶ 정답

(1) 14 번째 줄

(2) 98

문 08
P.16

난이도 : 상

문항 분석

⟶ 문항 분석 : 원근법이란 평면상에서 입체감을 주기위해 미술기법으로 처음 도입되었습니다. 원근법에 대해 알아보도록 합니다.

평가요소 및 평가표

⟶ 교과영역 및 평가요소 :

교과영역	창의성 요소	창의적 문제해결력 평가요소
수와 연산, 측정	유창성, 융통성	문제 파악 능력, 문제 해결 능력, 정확성

⟶ 평가표 : (1)

	채점기준	배점
문제 파악 능력 (문제 이해)	A 지점과 각 사각형의 거리관계를 표현하기	2점
문제 해결 능력 (해결 과정)	삼각형의 닮음을 이용하기	3점
	닮음을 이용해서 한 변의 길이 구하기	3점
정확성 (정답)	문제에서 요구한 정답 구하기	2점
총점		10점

(2)

유창성 : 5점			융통성 : 5점		
	채점기준	배점		채점기준	배점
타당한 문장의 개수	1 개	1점	범주가 다른 문장의 개수	1 개	1점
	2 개	2점		2 개	2점
	3 개	3점		3 개	3점
	4 개	4점		4 개	4점
	5 개	5점		5 개	5점

정답 및 해설

⟶ (1) 풀이과정

ⓐ A 지점과 각 지점에 있는 사각형을 위에서 바라보면 다음과 같습니다.

ⓑ 삼각형 ABC 와 삼각형 ADE 는 닮음입니다. (AA 닮음)

ⓒ AB 의 길이는 5 m 이고 AD 의 길이는 10 m 이므로 삼각형의 닮음비는 1 : 2 입니다.

ⓓ 따라서 5 m 거리에 있는 정사각형의 한 변의 길이보다 10 m 거리에 있는 정사각형의 한 변

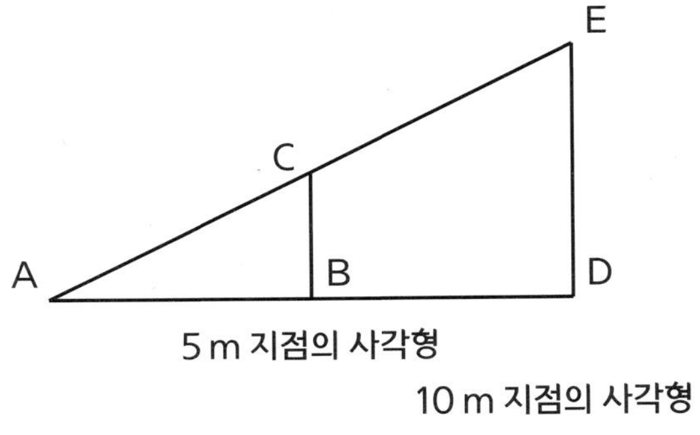

의 길이는 2 배입니다.

ⓔ 한 변의 길이가 2 배가 되면 넓이는 4 배가 됩니다. 따라서 10 m 거리에 있는 정사각형의 넓이는 5 m 거리에 있는 정사각형의 넓이에 비해 4 배 큽니다.

⟶ 정답

(1) 4 배

(2) ⓐ 길거리 밴드 공연을 보고 있는 사람들의 모습

ⓑ 달리기 시합 중 몇 명이 뒤쳐져있거나 빨리가는 모습

ⓒ 오리걸음으로 운동장을 도는 학생들과 옆에 서있는 선생님들의 모습

ⓓ 버스정류장에서 버스를 기다리러 줄서있는 사람들의 모습

ⓔ '무궁화꽃이 피었습니다' 게임을 하는 모습(2 명이 걸린 모습)

ⓕ 한쪽 팀이 불리한 인원수로 농구 경기를 하고 있는 모습

점수에 따른 성취도 등급

등급	1등급	2등급	3등급	4등급	5등급	총점
평가	80 점 이상	60 점 이상 ~ 79 점 이하	40 점 이상 ~ 59 점 이하	20 점 이상 ~ 39 점 이하	19 점 이하	100 점

2회 꾸러미 모의고사

· 총 8 문제입니다. 각 평가표에 있는 기준별로 배점을 했습니다. / 단원 말미에서 성취도 등급을 확인하세요.

· 창의성 평가 (1, 2, 8 번 문항) – 유창성 평가 : 타당한 답변의 개수를 기준으로 평가합니다.
융통성 평가 : 답변 중 서로 범주가 다른 답변의 개수를 기준으로 평가합니다.
독창성 평가 : 남들과 다른 본인만의 방법을 제시하는 것으로 평가합니다.
정교성 평가 : 주요단어를 포함한 문장이 있을 경우 추가점수를 받을 수 있습니다. 단, 추가점수를 받더라도 해당 문항의 총 점수는 넘을 수 없습니다.

· 창의적 문제해결력 평가(3 ~ 8 번 문항) – 문제 파악 능력 : 문제를 푸는데에 필요한 성질등을 파악하는 능력
문제 해결 능력 : 필요한 성질들을 이용해서 정답을 얻어내는 과정
정확성 : 정답의 정확성

· 수학 STEAM(8 번 문항) – 스팀문항으로 창의성 평가와 창의적 문제해결력 평가가 모두 이루어집니다.

· 교과영역은 수와 연산, 도형, 측정, 규칙성, 자료와 가능성 총 5 가지에서 고르게 출제하였습니다.

문 01

P. 20

난이도 : 상

문항 분석

⟶ **문항 분석 : 삼각형을 모양과 넓이가 같게 3 등분하기 위해서는 삼각형의 중심점을 이용해야 합니다.**

평가요소 및 평가표

⟶ **교과영역 및 평가요소 :**

교과영역	창의성 평가요소
도형	유창성

⟶ **평가표 :**

유창성 : 10점				
	채점기준	배점	채점기준	배점
타당항 도형의 개수	1 개	2점	4 개	8점
	2 개	4점	5 개	10점
	3 개	6점		
총 배점		10점		

출제자 예시 답안

⟶ ① 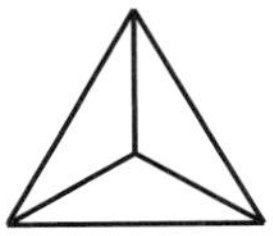 ② 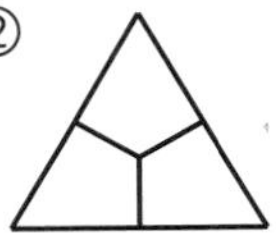 ③ 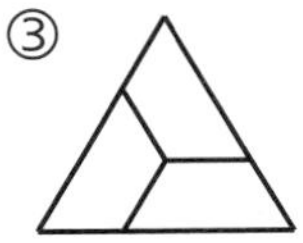

④ 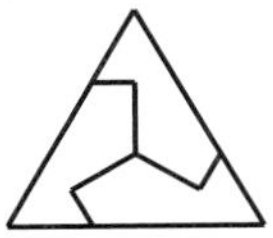 ⑤ 

문 02
P. 21

난이도 : 상

문항 분석

⟶ 문항 분석 : 본인만의 규칙을 만들어서 수들을 이어나가보도록 합니다. 규칙이 타당하면 모두 정답으로 인정합니다.

평가요소 및 평가표

⟶ 교과영역 및 평가요소 :

교과영역	창의성 평가요소
규칙성	유창성

⟶ 평가표 :

유창성 : 10점				
	채점기준	배점	채점기준	배점
타당항 규칙의 개수	1 개	2점	4 개	8점
	2 개	4점	5 개	10점
	3 개	6점		
총 배점			10점	

출제자 예시 답안

⟶ ① 규칙 1

1 (+1) 2 (+2) 4 (+3) (7) (+4) (11) 괄호안에 들어갈 수 : 7, 11

② 규칙 2

1 (×2) 2 (×2) 4 (×2) (8) (×2) (16) 괄호안에 들어갈 수 : 8, 16

③ 규칙 3

1 (+1) 2 (+2) 4 (+4) (8) (+8) (16) 괄호안에 들어갈 수 : 8, 16

④ 규칙 4

1 (+1) 2 (+2) 4 (+1) (5) (+2) (7) 괄호안에 들어갈 수 : 5, 7

⑤ 규칙 5

1 2 4 2 1 2 4 2 1 과 같이 1 을 공유하면서 1 2 4 2 1 이 계속 반복 괄호안에 들어갈 수 : 2, 1

⑥ 규칙 6

1 2 4 1 2 4 와 같이 1 2 4 가 계속 반복 괄호안에 들어갈 수 : 1, 2

⟶ 해설

① 수들간의 차이가 1 씩 커지는 규칙입니다.

② 계속 2 를 곱해나가는 규칙입니다.

③ 자기 자신을 한 번 더 더하는 규칙입니다.

④ 수들간의 차이가 +1, +2 가 계속 반복되는 규칙입니다.

문 03
P.22

난이도 : 상

문항 분석

⟶ 문항 분석 : 표를 이용한 곱셉방법에 대해 알아봅니다. 그냥 단순한 연산으로 셈을 하는 것보다 흥미롭게 곱셉에 접근할 수 있습니다.

평가요소 및 평가표

⟶ 교과영역 및 평가요소 :

교과영역	창의적 문제해결력 평가요소
수와 연산, 규칙성	문제 파악 능력, 문제 해결 능력, 정확성

⟶ 평가표 :

	채점기준	배점
문제 파악 능력 (문제 이해)	표를 이용해서 계산하는 규칙 구하기	6점
문제 해결 능력 (해결 과정)	문제의 표를 보고 곱셈식 구하기	4점
정확성 (정답)	문제에서 요구한 정답 구하기	2점
총 배점		12점

정답 및 해설

⟶ 표를 이용한 계산방법

① 세 자리 수의 백의 자리 수와 두 자리 수의 십의 자리 수를 곱한 수를 왼쪽 위의 정사각형에 적습니다.

② 세 자리 수의 백의 자리 수와 두 자리 수의 일의 자리 수를 곱한 수를 왼쪽 아래의 정사각형에 적습니다.

③ 세 자리 수의 십의 자리 수와 두 자리 수의 십의 자리 수를 곱한 수를 가운데 위의 정사각형에 적습니다.

④ 세 자리 수의 십의 자리 수와 두 자리 수의 일의 자리 수를 곱한 수를 가운데 아래의 정사각형에 적습니다.

⑤ 세 자리 수의 일의 자리 수와 두 자리 수의 십의 자리 수를 곱한 수를 오른쪽 위의 정사각형에 적습니다.

⑥ 세 자리 수의 일의 자리 수와 두 자리 수의 일의 자리 수를 곱한 수를 오른쪽 아래의 정사각형에 적습니다.

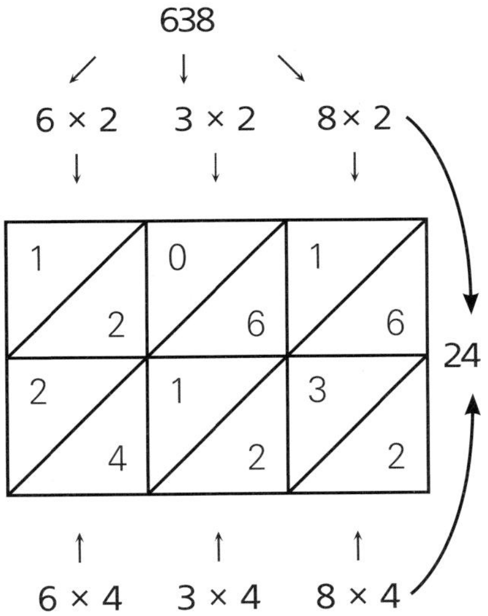

⑦ 대각선 방향으로 있는 수를 오른쪽 그림과 같이 자리수를 매겨서 더합니다.

⑧ (1 × 10000) + (4 × 1000) + (12 × 100) + (11 × 10) + (2 × 1) = 15312

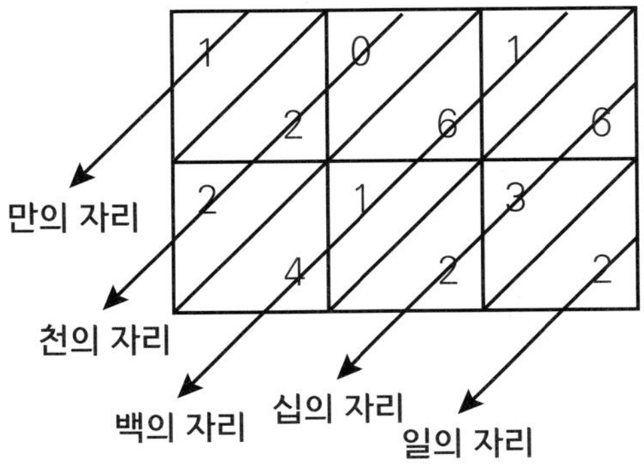

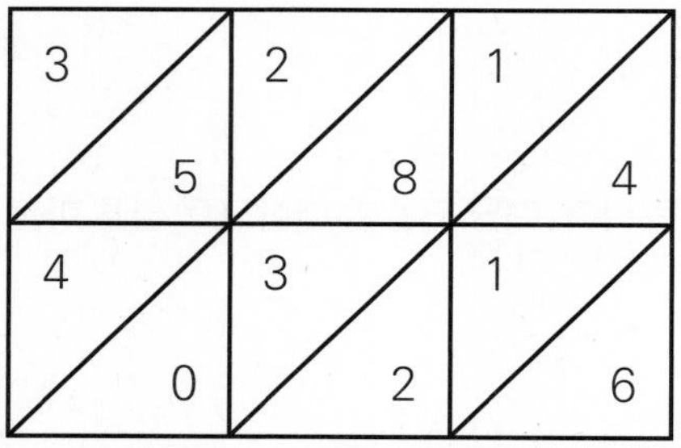

곱셈식 찾기

35, 40 → 5 × 7, 5 × 8 / 28, 32 → 4 × 7, 4 × 8 / 14, 16 → 2 × 7, 2 × 8 이므로

곱셈식은 542 × 78 = 42276 입니다.

문 04
P. 23

난이도 : 상

문항 분석

⟶ **문항 분석 : 길이 또는 각도를 쉽게 구할 수 있도록 정삼각형을 만들 수 있는 연장선을 그어보도록 합니다.**

평가요소 및 평가표

⟶ **교과영역 및 평가요소 :**

교과영역	창의적 문제해결력 평가요소
도형, 측정	문제 파악 능력, 문제 해결 능력, 정확성

⟶ **평가표 :**

	채점기준	배점
문제 파악 능력 (문제 이해)	정삼각형의 성질 이용하기	2점
문제 해결 능력 (해결 과정)	정삼각형을 4 등분하면 선분 AC 의 3 등분점 이 된다는 것으로 길이 구하기	3점
	문제 풀이에 필요한 연장선 긋기	5점
정확성 (정답)	문제에서 요구한 정답 구하기	2점
총 배점		12점

정답 및 해설

⟶ **풀이과정**

① 오른쪽 그림과 같이 연장선을 그으면 △CDF 와 △ACG 는 정삼각형이 됩니다.

② △ACG 가 정삼각형이므로 AB 의 길이가 6 이라면 AC 의 길이는 그 2 배인 12 입니다.

③ △CDF 는 정삼각형이므로 그림과 같이 4 등분하면 △EFH 와 △CHI 는 서로 합동인 정삼각형이 됩니다.

④ 따라서 점 H 는 선분 AC 의 길이를 3 등분하는 점이 됩니다.

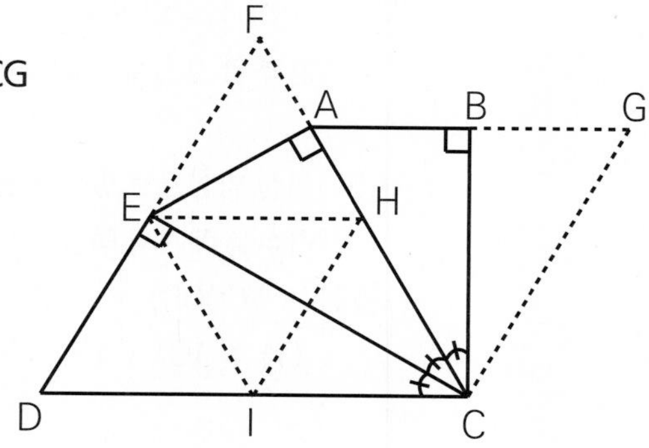

⑤ 따라서 선분 AH 의 길이는 4 이고 선분 FH 의 길이와 선분 EF 의 길이는 8 입니다.

⑥ △CDF 가 정삼각형이므로 선분 EF 의 길이와 선분 DE 의 길이가 같으므로 선분 DE 의 길이는 8 입니다.

⟶ 정답

선분 DE 의 길이 : 8

문 05
P. 24

난이도 : 상

문항 분석

⟶ 문항 분석 : 통분해서 계산하는 방법은 불가능에 가깝습니다. 각 단위분수를 부분분수로 나누는 방법을 이용해서 손쉬운 계산을 해보도록 합니다.

평가요소 및 평가표

⟶ 교과영역 및 평가요소 :

교과영역	창의적 문제해결력 평가요소
수와 연산	문제 파악 능력, 문제 해결 능력, 정확성

⟶ 평가표 :

	채점기준	배점
문제 파악 능력 (문제 이해)	부분분수를 이용하기	3점
문제 해결 능력 (해결 과정)	분수들을 부분분수를 이용해서 표현하고 계산하기	5점
정확성 (정답)	문제에서 요구한 정답 구하기	2점
총 배점		10점

정답 및 해설

⟶ 풀이과정

① 부분분수를 이용해서 각 분수들을 나눠봅니다.

② $\frac{1}{2} = \frac{1}{1} - \frac{1}{2}$, $\frac{1}{6} = \frac{1}{2} - \frac{1}{3}$, $\frac{1}{12} = \frac{1}{3} - \frac{1}{4}$, $\frac{1}{20} = \frac{1}{4} - \frac{1}{5}$, $\cdots$

$\frac{1}{90} = \frac{1}{9} - \frac{1}{10}$, $\frac{1}{110} = \frac{1}{10} - \frac{1}{11}$

③ 따라서 주어진 수식은 다음과 같습니다.

$$\left(\frac{1}{1} - \frac{1}{2} + \frac{1}{2} - \frac{1}{3} + \frac{1}{3} - \frac{1}{4} + \frac{1}{4} - \frac{1}{5} + \cdots + \frac{1}{9} - \frac{1}{10} + \frac{1}{10} - \frac{1}{11}\right) \times 11$$

$$= \left(\frac{1}{1} - \frac{1}{11}\right) \times 11 = 10$$

⟶ 정답 : 10

문 06
P.25

난이도 : 상

문항 분석

⟶ 문항 분석 : 정육각형을 정삼각형 6 개로 나눠보도록 합니다. 6 개의 구간이 생기게 되는데, 7 개의 점을 찍으므로 비둘기집의 원리를 이용해서 문제를 해결하도록 합니다.

평가요소 및 평가표

⟶ 교과영역 및 평가요소 :

교과영역	창의적 문제해결력 평가요소
자료와 가능성	문제 파악 능력, 문제 해결 능력, 정확성

⟶ 평가표 :

	채점기준	배점
문제 파악 능력 (문제 이해)	정삼각형 6 개로 나누기	3점
문제 해결 능력 (해결 과정)	정삼각형 6 개 중 반드시 점이 2 개 이상 찍히는 정삼각형이 있다는 점 이용하기	5점
정확성 (정답)	문제에서 요구한 정답 구하기	2점
총 배점		10점

정답 및 해설

⟶ 이유

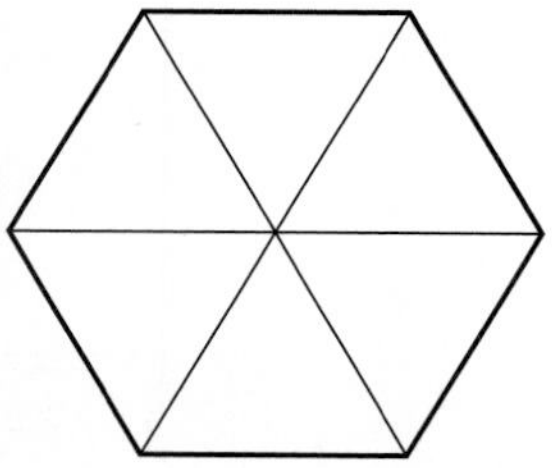

① 정육각형을 오른쪽 그림과 같이 6 개의 정삼각형으로 분할해봅니다.

② 정육각형의 내부에 점을 찍는 것이므로 정육각형의 한 변 위에는 점을 찍을 수 없습니다.

③ 따라서 내부에 7 개의 점을 찍게 되면 비둘기집의 원리에 따라 2 개 이상의 점이 찍히는 정삼각형이 적어도 하나는 반드시 존재합니다.

④ 정삼각형의 내부에 찍힌 2 개의 점 사이의 거리는 정삼각형의 한 변의 길이보다 짧고 정삼각형의 한 변의 길이와 정육각형의 한 변의 길이가 같기 때문에 정육각형의 내부에 7 개의 점을 찍으면 두 점 사이의 거리가 정육각형의 길이보다 짧은 두 점이 반드시 존재합니다.

문 07
P.26

난이도 : 상

문항 분석

⟶ 문항 분석 : 입체도형의 선이 닿는 부분을 전개도로 펼쳤을때의 모습을 생각해봅니다. 닮음비를 이용하여 문제를 해결합니다.

평가요소 및 평가표

⟶ 교과영역 및 평가요소 :

교과영역	창의적 문제해결력 평가요소
측정, 자료와 가능성	문제 파악 능력, 문제 해결 능력, 정확성

→ **평가표 : (1)**

	채점기준	배점
문제 파악 능력 (문제 이해)	A 에서 B 까지와 B 에서 C 까지의 최단경로의 개수를 각각 나누기	3점
문제 해결 능력 (해결 과정)	각각의 최단경로를 구하고 곱으로 계산하기	3점
정확성 (정답)	문제에서 요구한 정답 구하기	2점
총 배점		8점

→ **평가표 : (2)**

	채점기준	배점
문제 파악 능력 (문제 이해)	도형과 줄이 닿아있는 면 펼치기	3점
문제 해결 능력 (해결 과정)	삼각형의 닮음을 이용해서 선분길이 계산하기	3점
정확성 (정답)	문제에서 요구한 정답 구하기	2점
총 배점		8점

정답 및 해설

→ **풀이과정**

(1)

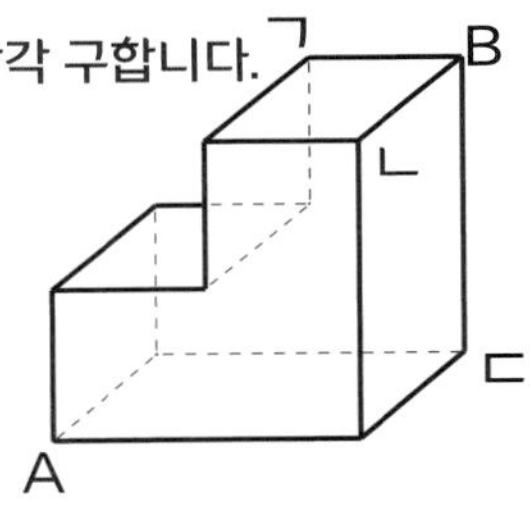

① A 에서 B 까지의 최단경로의 개수와 B 에서 C 까지의 최단경로의 개수를 각각 구합니다.

② A 에서 B 까지의 최단경로는 ㄱ, ㄴ, ㄷ 을 지나는 경로의 개수의 합으로 구할 수 있습니다.

③ ㄱ 을 지나는 최단경로의 수 : 4 가지, ㄴ 을 지나는 최단경로의 수 : 2 가지, ㄷ 을 지나는 최단경로의 수 : 2 가지

④ 따라서 A 에서 B 까지의 최단경로의 개수는 8 가지입니다.

⑤ 마찬가지로 B 에서 C 까지의 최단경로의 개수를 구하면 4 가지입니다.

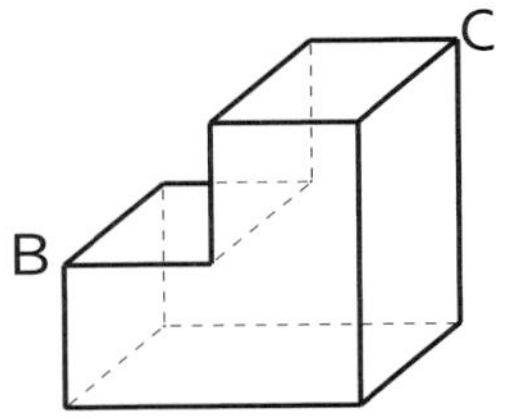

⑥ 따라서 A 에서 C 까지갈 때 B 를 거쳐서 가는 최단경로의 개수는 $8 \times 4 = 32$ 가지입니다.

(2)

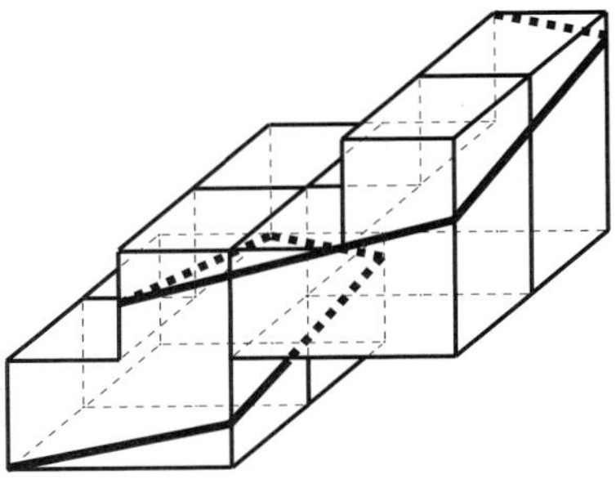

① 오른쪽 도형의 2 층과 3 층에서 줄이 감겨있는 면을 평면으로 펼치면 다음과 같습니다.

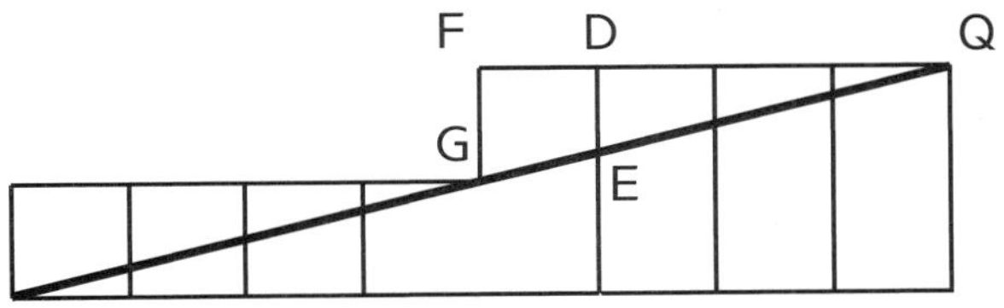

② △FGQ 와 △DEQ 는 서로 닮음이고 닮음비는 4 : 3 입니다.

③ △FGH 에서 선분 FG 의 길이가 25 이므로 선분 DE 의 길이는 18.75 입니다.

문 08
P.28

난이도 : 상

문항 분석

→ 문항 분석 : 수학에서 자주 사용되는 좌표평면에 대한 개념을 익혀보는 문항입니다. 좌표평면과 그래프를 연관지어서 생각해보도록 합니다.

평가요소 및 평가표

→ 교과영역 및 평가요소 :

교과영역	창의성 요소	창의적 문제해결력 평가요소
측정, 자료와 가능성	유창성, 융통성	문제 파악 능력, 문제 해결 능력, 정확성

→ 평가표 : (1)

	채점기준	배점
문제 파악 능력 (문제 이해)	좌표평면에 각 점들을 정확하게 찍기	3점
문제 해결 능력 (해결 과정)	꺾은선 그래프와 x 축으로 둘러쌓인 넓이 구하기	5점
정확성 (정답)	문제에서 요구한 정답 구하기	2점
총점		10점

(2)

유창성 : 5점		
	채점기준	배점
그래프의 타당성	타당하지않음	0점
	타당함	10점

정답 및 해설

→ 풀이과정

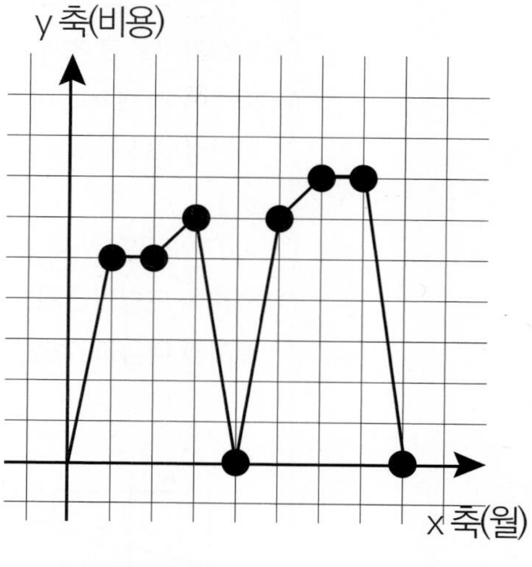

(1)

① 좌표평면에 점을 알맞게 찍으면 오른쪽과 같은 도형이 나옵니다.

② 두 개 도형의 넓이 합을 구합니다.

③ 왼쪽 도형을 삼각형, 사각형, 사다리꼴, 삼각형으로 나눠서 넓이를 계산하면 다음과 같습니다.

$((1 \times 5) \div 2) + (1 \times 5) + (((5 + 6) \times 1) \div 2) + ((1 \times 6) \div 2) = 16$

④ 오른쪽 도형을 삼각형, 사다리꼴, 사각형, 삼각형으로 나눠서 넓이를 계산하면 다음과 같습니다.

$((1 \times 6) \div 2) + (((6 + 7) \times 1) \div 2) + (1 \times 7) + ((1 \times 7) \div 2) = 20$

⑤ 따라서 꺾은선그래프와 x 축으로 둘러쌓인 도형의 넓이는 16 + 20 = 36 입니다.

—> **정답 : (1) 36**

(2)

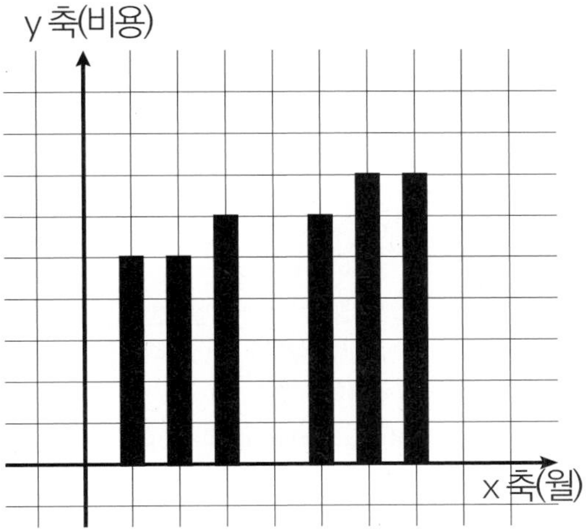

▲막대그래프

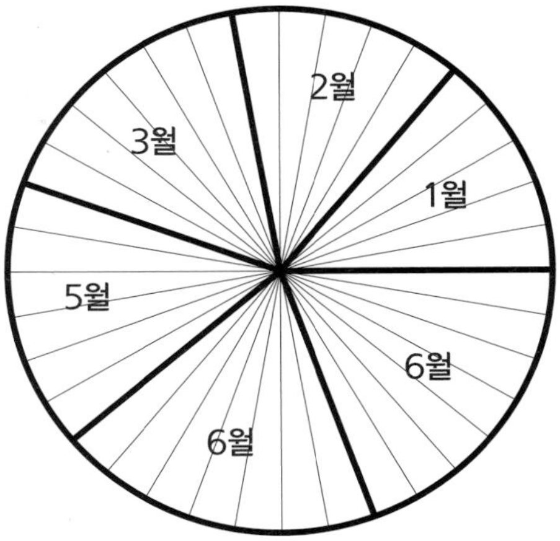

점수에 따른 성취도 등급

등급	1등급	2등급	3등급	4등급	5등급	총점
평가	80 점 이상	60 점 이상 ~ 79 점 이하	40 점 이상 ~ 59 점 이하	20 점 이상 ~ 39 점 이하	19 점 이하	100 점

3회 꾸러미 모의고사

· 총 8 문제입니다. 각 평가표에 있는 기준별로 배점을 했습니다. / 단원 말미에서 성취도 등급을 확인하세요.

· 창의성 평가 (1, 2, 8 번 문항) – 유창성 평가 : 타당한 답변의 개수를 기준으로 평가합니다.
융통성 평가 : 답변 중 서로 범주가 다른 답변의 개수를 기준으로 평가합니다.
독창성 평가 : 남들과 다른 본인만의 방법을 제시하는 것으로 평가합니다.
정교성 평가 : 주요단어를 포함한 문장이 있을 경우 추가점수를 받을 수 있습니다. 단, 추가점수를 받더라도 해당 문항의 총 점수는 넘을 수 없습니다.

· 창의적 문제해결력 평가(3 ~ 8 번 문항) – 문제 파악 능력 : 문제를 푸는데에 필요한 성질등을 파악하는 능력
문제 해결 능력 : 필요한 성질들을 이용해서 정답을 얻어내는 과정
정확성 : 정답의 정확성

· 수학 STEAM(8 번 문항) – 스팀문항으로 창의성 평가와 창의적 문제해결력 평가가 모두 이루어집니다.

· 교과영역은 수와 연산, 도형, 측정, 규칙성, 자료와 가능성 총 5 가지에서 고르게 출제하였습니다.

문 01

P.32

난이도 : 상

문항 분석

⟶ **문항 분석 : 최소공배수등을 이용해서 만들 수 있는 방법을 여러 가지로 생각해보도록 합니다.**

평가요소 및 평가표

⟶ **교과영역 및 평가요소 :**

교과영역	창의성 평가요소
수와 연산	유창성

⟶ **평가표 :**

유창성 : 15점		
	채점기준	배점
타당항 도형의 개수	1 개	5점
	2 개	10점
	3 개	15점
총 배점		15점

출제자 예시 답안

⟶ ① $(3 + 6) \div (1 + 2 + 4 + 5 + 7 + 8 + 9) = \frac{1}{4}$

② $5 \div (1 + 2 + 3 - 4 - 6 + 7 + 8 + 9) = \frac{1}{4}$

③ $(1 \times 6) \div (2 + 3 + 4 + 5 - 7 + 8 + 9) = \frac{1}{4}$

④ $(1 \times 6) \div (2 \times 8 - 3 + 4 + 5 - 7 + 9) = \frac{1}{4}$

문 02
P.33

난이도 : 상

문항 분석

→ 문항 분석 : 삼각형 또는 사각형의 넓이의 합을 통하여 넓이가 5 인 변이 여러개인 도형을 만들어 보는 문항입니다.

평가요소 및 평가표

→ 교과영역 및 평가요소 :

교과영역	창의성 평가요소
도형	유창성

→ 평가표 :

유창성 : 12점

	채점기준	배점
타당한 도형의 개수	1 개	4점
	2 개	8점
	3 개	12점
총 배점		12점

출제자 예시 답안

→ 팔각형

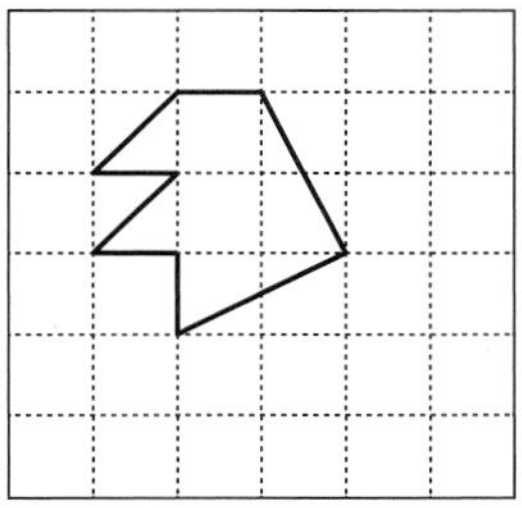

구각형

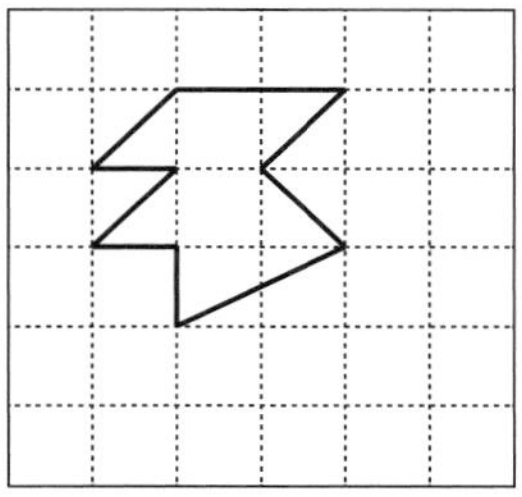

십각형

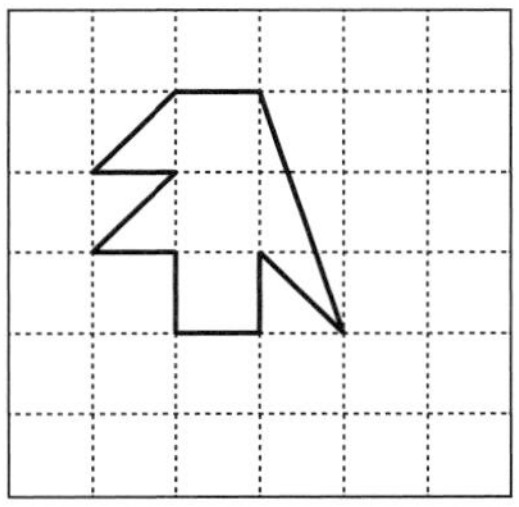

문 03
P.34

난이도 : 상

문항 분석

→ 문항 분석 : 기대값을 계산하고 생각해서 손해보지 않는 참가비를 구해보는 문항입니다. 확률과 기대값의 관계를 익혀보도록 합니다.

평가요소 및 평가표

→ 교과영역 및 평가요소 :

교과영역	창의적 문제해결력 평가요소
자료와 가능성	문제 파악 능력, 문제 해결 능력, 정확성

→ 평가표 :

	채점기준	배점
문제 파악 능력 (문제 이해)	〈자료〉 와 같이 기대값을 구하기 위한 확률 찾기	2점
문제 해결 능력 (해결 과정)	각 주사위별 손익 금액과 확률 구하기	3점
	기대값 구하는 공식으로 기대값 찾기	3점
정확성 (정답)	문제에서 요구한 정답 구하기	2점
총 배점		10점

정답 및 해설

→ 풀이과정

① 주사위게임을 한 번 했을 때, 얻을 수 있는 기대값을 계산해본다.

② 주사위 눈이 1 일 경우 : 받는 금액 100 원, 확률 = $\frac{1}{6}$

주사위 눈이 2 일 경우 : 받는 금액 200 원, 확률 = $\frac{1}{6}$

주사위 눈이 3 일 경우 : 받는 금액 300 원, 확률 = $\frac{1}{6}$

주사위 눈이 4 일 경우 : 받는 금액 400 원, 확률 = $\frac{1}{6}$

주사위 눈이 5 일 경우 : 손해 금액 150 원, 확률 = $\frac{1}{6}$

주사위 눈이 6 일 경우 : 손해 금액 180 원, 확률 = $\frac{1}{6}$

③ 기대값은 다음과 같습니다.

$(100 \times \frac{1}{6}) + (200 \times \frac{1}{6}) + (300 \times \frac{1}{6}) + (400 \times \frac{1}{6}) - (150 \times \frac{1}{6}) - (180 \times \frac{1}{6})$

$= \frac{670}{6}$

④ 따라서 게임의 참가비가 $\frac{670}{6}$ 원 이하라면 손해를 보지 않을 것으로 생각할 수 있습니다.

⑤ 따라서 손해보지 않는 최대 참가비는 $\frac{670}{6}$ 원 입니다.

→ 정답

손해보지 않는 최대 참가비 : $\frac{670}{6}$ 원

문 04

P. 35

난이도 : 상

문항 분석

→ 문항 분석 : 홀수와 짝수의 성질을 생각해봅니다. 곱해서 홀수가 나오기 위해선 홀수끼리만 곱해야 한다는 점을 생각해봅니다.

평가요소 및 평가표

→ 교과영역 및 평가요소 :

교과영역	창의적 문제해결력 평가요소
수와 연산, 자료와 가능성	문제 파악 능력, 문제 해결 능력, 정확성

—> 평가표 :

	채점기준	배점
문제 파악 능력 (문제 이해)	두 수의 곱이 짝수, 홀수가 나오는 경우 생각하기	3점
문제 해결 능력 (해결 과정)	각 경우별로 남는 수를 생각하기	5점
정확성 (정답)	문제에서 요구한 정답 구하기	2점
총 배점		10점

정답 및 해설

—> 풀이과정

① 짝수 × 짝수 = 짝수, 짝수 × 홀수 = 짝수, 홀수 × 홀수 = 홀수 입니다.

② 짝수 × 짝수 = 짝수이므로 짝수 2 개를 뽑으면 짝수가 1 개 없어지는 것과 같습니다.

③ 짝수 × 홀수 = 짝수이므로 짝수 1 개, 홀수 1 개를 뽑으면 홀수가 1 개 없어지는 것과 같습니다.

④ 홀수 × 홀수 = 홀수이므로 홀수 2 개를 뽑으면 홀수가 1 개 없어지는 것과 같습니다.

⑤ 따라서 어떠한 경우에도 홀수는 모두 없어지지만 짝수는 1 개가 반드시 남습니다.

⑥ 마지막에 남는 수는 짝수입니다.

—> 정답

마지막에 남는 수는 짝수

문 05

P. 36

난이도 : 상

문항 분석

—> 문항 분석 : 정이십면체의 면, 모서리, 꼭지점의 개수를 파악해보고 꼭지점을 자를때, 각 개수가 어떻게 변하는지를 계산해보도록 합니다.

평가요소 및 평가표

—> 교과영역 및 평가요소 :

교과영역	창의적 문제해결력 평가요소
도형, 규칙성	문제 파악 능력, 문제 해결 능력, 정확성

—> 평가표 :

	채점기준	배점
문제 파악 능력 (문제 이해)	정이십면체의 각각의 개수를 파악하기	2점
문제 해결 능력 (해결 과정)	꼭지점 1 개를 자를 때 변하는 규칙 찾기	3점
	사칙연산으로 각각의 개수 구하기	3점
정확성 (정답)	문제에서 요구한 정답 구하기	2점
총 배점		10점

정답 및 해설

⟶ 풀이과정

① 정이십면체의 꼭지점, 면, 모서리의 개수는 다음과 같습니다.

꼭지점의 개수 : 12 개, 면의 개수 : 20 개, 모서리의 개수 : 30 개

② 꼭지점을 1 개 자를 때마다 꼭지점은 4 개, 면은 1 개, 모서리는 5 개씩 늘어납니다.

③ 따라서 꼭지점 12 개를 모두 자르면 각각의 개수는 다음과 같습니다.

꼭지점의 개수 : 60 개, 면의 개수 : 32 개, 모서리의 개수 : 90 개

⟶ 정답

꼭지점의 개수 : 60 개, 면의 개수 : 32 개, 모서리의 개수 : 90 개

문 06

P. 37

난이도 : 상

문항 분석

⟶ 문항 분석 : 두 삼각형이 모두 정삼각형이라는 점을 이용해서 크기가 같은 각도를 생각해보는 문항입니다.

평가요소 및 평가표

⟶ 교과영역 및 평가요소 :

교과영역	창의적 문제해결력 평가요소
측정	문제 파악 능력, 문제 해결 능력, 정확성

⟶ 평가표 :

	채점기준	배점
문제 파악 능력 (문제 이해)	구해야 하는 각도 파악하기	3점
문제 해결 능력 (해결 과정)	각각의 각도 계산하기	5점
정확성 (정답)	문제에서 요구한 정답 구하기	2점
총 배점		10점

정답 및 해설

⟶ 풀이과정

① $\angle BOG$ 의 크기를 구하기 위해서는 $\angle ABO$ 와 $\angle BFO$ 의 크기를 구해야 합니다.

② $\triangle BCE$ 가 정삼각형이므로 $\angle ABO = 30^\circ$ 입니다.

③ $\triangle CDG$ 와 $\triangle BCF$ 가 합동이고 $\triangle FGC$ 가 정삼각형이므로 $\triangle AFG$ 는 이등변삼각형이 됩니다.

④ 따라서 $\angle AFO = 45^\circ$ 이고 $\angle BFO = 135^\circ$ 입니다.

⑤ $\triangle BFO$ 에서 $\angle ABO = 30^\circ$, $\angle BFO = 135^\circ$ 이므로 $\angle BOF = 15^\circ$ 입니다.

⑥ 따라서 $\angle BOG = 165^\circ$ 입니다.

⟶ 정답

$\angle BOG = 165^\circ$

문 07
P.38

난이도 : 상

문항 분석

⟶ 문항 분석 : 한바퀴의 시행을 모두 끝냈을때, 남는 수가 어떤식으로 변하는지를 파악해보도록 합니다.

평가요소 및 평가표

⟶ 교과영역 및 평가요소 :

교과영역	창의적 문제해결력 평가요소
규칙성	문제 파악 능력, 문제 해결 능력, 정확성

⟶ 평가표 : (1)

	채점기준	배점
문제 파악 능력 (문제 이해)	가장 작은 수가 다시 맨 위로 올때까지 반복하기	2점
문제 해결 능력 (해결 과정)	규칙성을 찾아서 계산하기	3점
정확성 (정답)	문제에서 요구한 정답 구하기	1점
총 배점		6점

(2)

	채점기준	배점
문제 파악 능력 (문제 이해)	(1) 에서 구한 규칙 사용하기	2점
문제 해결 능력 (해결 과정)	1 장 남을 때까지 계산하기	4점
정확성 (정답)	문제에서 요구한 정답 구하기	1점
총 배점		7점

정답 및 해설

⟶ 풀이과정

(1)

① 이 시행을 96 번 반복하면 1, 3, ..., 191 까지의 홀수가 모두 버려지고 짝수만 남게 됩니다.

② 2, 4, 6, ..., 190, 192 는 모두 2 의 배수이고 여기서 다시 한 번 가장 작은 수가 맨 위로 올 때까지 48 번의 시행을 반복하게 되면 4, 8, 12, ..., 192 까지의 4 의 배수만 남게 됩니다.

③ ① 에서 총 96 장의 카드를 버렸으므로 96 번의 시행, ② 에서 총 48 장의 카드를 버렸으므로 48 번의 시행을 한 것이 됩니다.

④ 따라서 총 96 + 48 = 144 번의 시행을 하면 4 의 배수만 남게 됩니다.

(2)

① 처음에는 홀수가 모두 버려지고 2 의 배수만 남게 됩니다. → 남은 카드 96 장

② 다음으로는 4 의 배수가 남게 됩니다. → 남은 카드 48 장

③ 다음으로는 8 의 배수가 남게 됩니다. → 남은 카드 24 장

④ 다음으로는 16 의 배수가 남게 됩니다. → 남은 카드 12 장

⑤ 다음으로는 32 의 배수가 남게 됩니다. → 남은 카드 6 장

⑥ 다음으로는 64 의 배수가 남게 됩니다. → 남은 카드 3 장

⑦ 다음으로는 128 의 배수만 남게 됩니다. → 남은 카드 1 장

⑧ 1 ~ 192 까지의 자연수 중 128 의 배수는 128 하나뿐입니다.

⑨ 따라서 마지막에 남는 카드에 적혀 있는 수는 128 입니다.

⟶ 정답

(1) 144 번 (2) 128

문 08

P. 40

난이도 : 상

문항 분석

⟶ 문항 분석 : 퀴르슈차크 타일은 서로 다른 도형의 넓이를 비교하는데 유용한 방법을 우리에게 제시해주었습니다. 이러한 방법들에 대해 알아보도록 합니다.

평가요소 및 평가표

⟶ 교과영역 및 평가요소 :

교과영역	창의적 문제해결력 평가요소
도형, 측정	문제 파악 능력, 문제 해결 능력, 정확성

⟶ 평가표 : (1)

	채점기준	배점
문제 파악 능력 (문제 이해)	십자타일을 재배열하기	4점
문제 해결 능력 (해결 과정)	넓이 계산하기	3점
정확성 (정답)	문제에서 요구한 정답 구하기	1점
총 배점		8점

⟶ 평가표 : (2)

	채점기준	배점
문제 파악 능력 (문제 이해)	정삼각형과 이등변삼각형으로 나누기	7점
문제 해결 능력 (해결 과정)	각각의 개수로 비율 계산하기	3점
정확성 (정답)	문제에서 요구한 정답 구하기	2점
총 배점		12점

정답 및 해설

—> 풀이과정

(1)

① 십자타일을 아래와 같이 재배열 합니다.

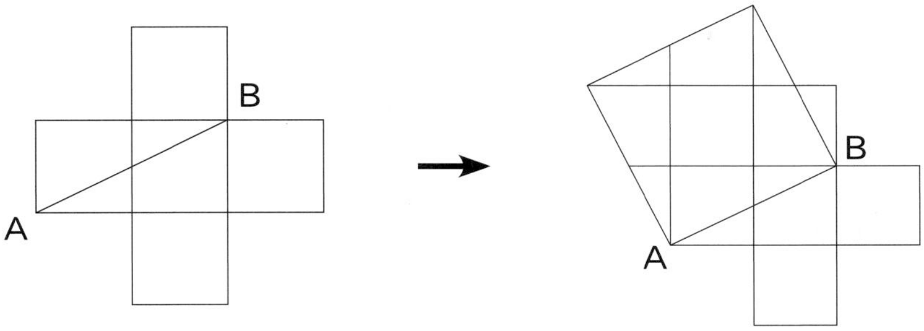

② 재배열하게 되면 AB 를 한 변으로 하는 정사각형이 됩니다.

③ AB 의 길이가 10 이므로, 재배열한 정사각형의 넓이는 100 입니다.

(2)

① 정십이각형의 내부도 정삼각형과 이등변삼각형으로 아래와 같이 나눠봅니다.

② 그렇게되면 정사각형은 정삼각형 16 개와 이등변삼각형 32 개로 나눠지게 됩니다.

③ 정십이각형은 정삼각형 12 개와 이등변삼각형 24 개로 나눠지게 됩니다.

④ 따라서 정십이각형의 넓이 : 정사각형의 넓이 = 3 : 4 입니다.

—> 정답

(1) 100

(2) 풀이과정 참고

점수에 따른 성취도 등급

등급	1등급	2등급	3등급	4등급	5등급	총점
평가	80 점 이상	60 점 이상 ~ 79 점 이하	40 점 이상 ~ 59 점 이하	20 점 이상 ~ 39 점 이하	19 점 이하	100 점

4회 꾸러미 모의고사

· 총 8 문제입니다. 각 평가표에 있는 기준별로 배점을 했습니다. / 단원 말미에서 성취도 등급을 확인하세요.

· 창의성 평가 (1, 2, 8 번 문항) – 유창성 평가 : 타당한 답변의 개수를 기준으로 평가합니다.
융통성 평가 : 답변 중 서로 범주가 다른 답변의 개수를 기준으로 평가합니다.
독창성 평가 : 남들과 다른 본인만의 방법을 제시하는 것으로 평가합니다.
정교성 평가 : 주요단어를 포함한 문장이 있을 경우 추가점수를 받을 수 있습니다. 단, 추가점수를 받더라도 해당 문항의 총 점수는 넘을 수 없습니다.

· 창의적 문제해결력 평가(3 ~ 8 번 문항) – 문제 파악 능력 : 문제를 푸는데에 필요한 성질등을 파악하는 능력
문제 해결 능력 : 필요한 성질들을 이용해서 정답을 얻어내는 과정
정확성 : 정답의 정확성

· 수학 STEAM(8 번 문항) – 스팀문항으로 창의성 평가와 창의적 문제해결력 평가가 모두 이루어집니다.

· 교과영역은 수와 연산, 도형, 측정, 규칙성, 자료와 가능성 총 5 가지에서 고르게 출제하였습니다.

문 01
P. 44

난이도 : 상

문항 분석

→ **문항 분석 : 숫자들의 합이 항상 일상에서 통용되는 것은 아닙니다. 이러한 예는 어떠한 것들이 있을지 생각해보도록 합니다.**

평가요소 및 평가표

→ **교과영역 및 평가요소 :**

교과영역	창의성 평가요소
수와 연산	유창성, 융통성

→ **평가표 :**

유창성 : 5점			융통성 : 5점		
	채점기준	배점		채점기준	배점
타당한 문장의 개수	1 개	1점	범주가 다른 문장의 개수	1 개	1점
	2 개	2점		2 개	2점
	3 개	3점		3 개	3점
	4 개	4점		4 개	4점
	5 개	5점		5 개	5점
			총 배점		10점

출제자 예시 답안

⟶ ① 물방울 2 개가 모이면 하나의 큰 물방울이 됩니다.

② 털실 2 뭉치로 뜨개질을 하여 하나의 스웨터를 만듭니다.

③ 물과 설탕을 합치면 설탕물이 됩니다.

④ 장갑 2 개가 모여 한 쌍의 장갑이 완성됩니다.

⑤ 2 개의 파일을 합쳐 하나의 압축파일로 만듭니다.

⑥ 2 개의 물감을 합치면 새로운 하나의 색이 됩니다.

문 02
P. 45

난이도 : 상

문항 분석

⟶ 문항 분석 : 일상에서 각 숫자가 사용되는 예들을 찾아보는 문항입니다. 11 뿐아니라 다른 숫자들이 활용되는 예도 생각해보도록 합니다.

평가요소 및 평가표

⟶ 교과영역 및 평가요소 :

교과영역	창의성 평가요소
수와 연산	유창성, 융통성

⟶ 평가표 :

유창성 : 5점			융통성 : 5점		
	채점기준	배점		채점기준	배점
타당한 문장의 개수	1 개	1점	범주가 다른 문장의 개수	1 개	1점
	2 개	2점		2 개	2점
	3 개	3점		3 개	3점
	4 개	4점		4 개	4점
	5 개	5점		5 개	5점
			총 배점		10점

출제자 예시 답안

⟶ ① 빼빼로데이는 몇 월에 있을까요?

② 초등학교 4 학년에 재학 중인 학생은 대부분 몇 살일까요?

③ 근현대 최악의 테러사건으로 알려진 미국 쌍둥이빌딩 테러 사건은 몇 일에 일어났나요?

④ 두 자리 소수 중 가장 작은 수는 몇 일까요?

⑤ 가장 작은 대칭수는 몇 일까요?

문 03
P. 46

난이도 : 상

문항 분석

⟶ 문항 분석 : 가장 많이 더해지는 ㉢ 에 가장 큰 수를 넣어야 ㉮ 에 가장 큰 수가 나오게 합해지게 됩니다.

평가요소 및 평가표

⟶ 교과영역 및 평가요소 :

교과영역	창의적 문제해결력 평가요소
수와 연산, 자료와 가능성	문제 파악 능력, 문제 해결 능력, 정확성

⟶ 평가표 :

	채점기준	배점
문제 파악 능력 (문제 이해)	각 칸에 들어갈 수를 ㉠ ~ ㉤ 으로 표현하기	3점
문제 해결 능력 (해결 과정)	㉮ 가 가장 크기 위한 ㉠ ~ ㉤ 정하기	5점
정확성 (정답)	문제에서 요구한 정답 구하기	2점
총 배점		10점

정답 및 해설

⟶ 풀이과정

가운데에 있는 수 일수록 많이 더해지게 됩니다.

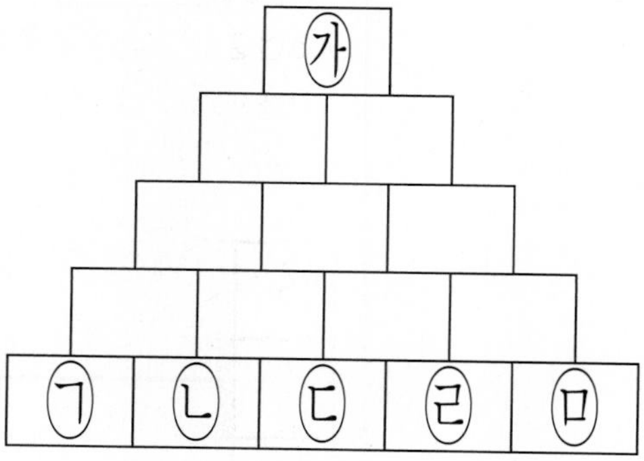

① 2 번째 줄의 4 개의 수는 다음과 같습니다.

→ ㉠ + ㉡, ㉡ + ㉢, ㉢ + ㉣, ㉣ + ㉤

② 3 번째 줄의 3 개의 수는 다음과 같습니다.

→ ㉠ + 2㉡ + ㉢, ㉡ + 2㉢ + ㉣, ㉢ + 2㉣ + ㉤

③ 4 번째 줄의 2 개의 수는 다음과 같습니다.

→ ㉠ + 3㉡ + 3㉢ + ㉣, ㉡ + 3㉢ + 3㉣ + ㉤

④ ㉮ 에 들어갈 수는 다음과 같습니다.

→ ㉠ + 4㉡ + 6㉢ + 4㉣ + ㉤

⑤ 따라서 ㉮ 가 가장 큰 수가 되기 위해선 ㉢ 에 가장 큰 수인 9 가 들어가야 하고, ㉡ 과 ㉢ 에는 7, 8 이 들어가야하며 ㉠, ㉤ 에 5 와 6 이 들어가야 합니다.

⑥ 따라서 ㉮ 에 들어갈 수 있는 가장 큰 수는 다음과 같습니다.

→ $5 + (4 \times 7) + (6 \times 9) + (4 \times 8) + 6 = 120$

⟶ 정답

120

문 04
P. 47

난이도 : 상

문항 분석

⟶ 문항 분석 : 각 조건을 분석해서 전체 토끼 수의 범위를 줄여나갑니다. 16 개의 방을 먼저 생각하면 따져야 할 경우가 더 많으므로 위에서 본 모습을 생각해서 문제를 해결해보도록 합니다.

평가요소 및 평가표

⟶ 교과영역 및 평가요소 :

교과영역	창의적 문제해결력 평가요소
수와 연산, 자료와 가능성	문제 파악 능력, 문제 해결 능력, 정확성

⟶ 평가표 :

	채점기준	배점
문제 파악 능력 (문제 이해)	각 조건에 맞는 토끼의 수를 구하기	4점
문제 해결 능력 (해결 과정)	모든 조건을 만족하는 토끼의 수 찾기	6점
정확성 (정답)	문제에서 요구한 정답 구하기	2점
총 배점		12점

정답 및 해설

⟶ 풀이과정

① 총 16 개의 방이 있으므로 조건 1 을 만족하기 위해선 토끼는 최소 16 마리가 있어야 합니다.

② 조건 2 를 만족하기 위해선 토끼는 48 마리 이하여야 합니다.

③ 위에서 봤을 때, 1 층과 2 층의 토끼 수를 합한 수를 나열하면 조건 3 을 만족하기 위해선 아래와 같은 방법들로 토끼를 넣어야 하므로 토끼는 22 ~ 44 마리 입니다. (가운데에 있는 수는 전체 토끼 수 입니다.)

5		6
	22	
6		5

5	1	5
1	24	1
5	1	5

4	3	4
3	28	3
4	3	4

3	5	3
5	32	5
3	5	3

2	7	2
7	36	7
2	7	2

1	9	1
9	40	9
1	9	1

	11	
11	44	11
	11	

④ 조건 4 를 만족하기 위해선 토끼의 총 마리수는 3 의 배수여야 합니다.

⑤ 조건 3 과 조건 4 에 따라 토끼는 24, 27, 30, 33, 36, 39, 42 마리 중 하나입니다.

⑥ 토끼가 24 마리라면 조건 3 을 맞추기 위해선 다음과 같이 배치를 해야하므로 빈 방이 생기게 됩니다. (조건 1 위반)

5	1	5
1	24	1
5	1	5

⑦ 토끼가 27 마리라면 다음과 같이 배치하면 모든 조건을 맞추게 배치할 수 있습니다.

전체 :

5	2	4
2	27	3
4	3	4

2 층 :

3	1	3
1	18	2
3	2	3

1 층 :

2	1	1
1	9	1
1	1	1

⑧ 토끼가 30 마리라면 다음과 같이 배치하면 모든 조건을 맞추게 배치할 수 있습니다.

전체 :

3	4	4
4	30	4
4	4	3

2 층 :

2	3	3
3	20	2
3	2	2

1 층 :

1	1	1
1	10	2
1	2	1

⑨ 토끼가 33, 36, 39, 42 마리라면 조건 3 을 맞추기 위해서 다음과 같이 배치를 해야하므로 조건 1, 2, 4 를 만족하게끔 1 층과 2 층을 나눌 수 없습니다.

4	5	2
5	33	6
2	6	3

2	7	2
7	36	7
2	7	2

1	8	2
9	39	8
1	9	1

1	10	
9	42	10
2	9	1

→ 33 마리의 경우 1 층과 2 층의 마리 수가 1 : 2 가 되도록 나눌 수 없고 36, 39, 40 마리는 한 방에 3 마리 이상이 들어가게 됩니다.

⟶ 정답

27 마리, 30 마리

문 05
P. 48

난이도 : 상

문항 분석

⟶ 문항 분석 : 꼭지점의 위치를 생각해서 각 면에 있는 선분을 그려보도록 합니다. 입체도형을 평면화시킬 수 있는 능력이 요구됩니다.

평가요소 및 평가표

⟶ 교과영역 및 평가요소 :

교과영역	창의적 문제해결력 평가요소
도형, 측정	문제 파악 능력, 문제 해결 능력, 정확성

⟶ 평가표 :

	채점기준	배점
문제 파악 능력 (문제 이해)	전개도에 정확하게 표시하기	4점
문제 해결 능력 (해결 과정)	닮음개념을 이용하여 빨간 선분의 길이 구하기	4점
정확성 (정답)	문제에서 요구한 정답 구하기	2점
총 배점		10점

정답 및 해설

⟶ 풀이과정

① 정사면체 전개도

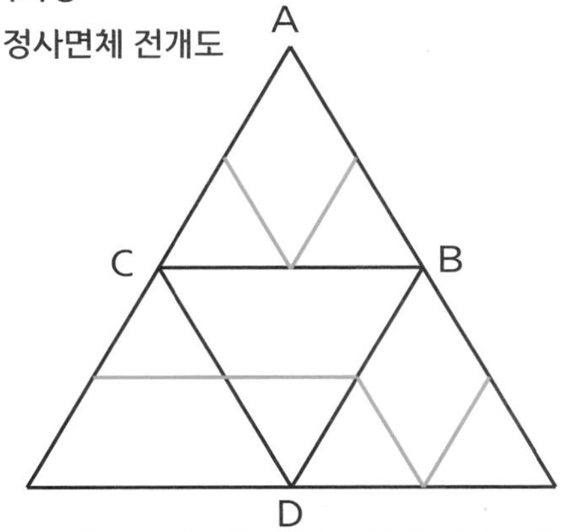

② 빨간색으로 이어진 선분은 모두 정사면체의 한 면 정삼각형의 중점을 이어서 만든 선분입니다.

③ 모두 이으면 정사면체의 전개도와 같은 모양이 되고 한 변의 길이가 절반인 정삼각형이 4 개 만들어지게 됩니다.

④ 닮음비가 2 : 1 이므로 빨간색 선분 하나의 길이는 정삼각형의 한 변의 길이 10 에 절반인 5 입니다.

④ 따라서 빨간색으로 이은 선분의 총 길이는 $5 \times 6 = 30$ 입니다.

⟶ 정답

30

문 06
P. 49

난이도 : 상

문항 분석

⟶ 문항 분석 : 각 월의 날짜수를 생각해서 그 안에서 규칙성을 찾는 문항입니다. 윤년인 해에는 2 월 29 일이 존재하므로 이 점을 놓치지 말아야 합니다.

평가요소 및 평가표

⟶ 교과영역 및 평가요소 :

교과영역	창의적 문제해결력 평가요소
규칙성	문제 파악 능력, 문제 해결 능력, 정확성

→ 평가표 :

	채점기준	배점
문제 파악 능력 (문제 이해)	윤년을 생각해서 각 달의 일수를 파악하기	4점
문제 해결 능력 (해결 과정)	각 달의 일수를 생각해서 각 달의 1 일이 무슨요일일지 찾기	6점
정확성 (정답)	문제에서 요구한 정답 구하기	2점
총 배점		12점

정답 및 해설

→ 풀이과정

① 2020 년은 윤년이므로 2020 년의 각 달의 일수는 다음과 같습니다.

1 월, 3 월, 5 월, 7 월, 8 월, 10 월, 12 월 : 31 일

4 월, 6 월, 9 월, 11 월 : 30 일 / 2 월 : 29 일

② 1 월 1 일이 수요일이므로 2 월 1 일은 토요일입니다. (1 월이 31 일까지 있기 때문에)

③ 2 월 1 일이 토요일이므로 3 월 1 일은 일요일입니다. (2 월이 29 일까지 있기 때문에)

④ 3 월 1 일이 일요일이므로 4 월 1 일은 수요일입니다. (3 월이 31 일까지 있기 때문에)

⑤ 위와 같은 방식으로 각 월의 1 일의 요일 찾으면 다음과 같습니다.

→ 1 월 : 수 / 2 월 : 토 / 3 월 : 일 / 4 월 : 수 / 5 월 : 금 / 6 월 : 월 / 7 월 : 수 / 8 월 : 토 / 9 월 : 화
10 월 : 목 / 11 월 : 일 / 12 월 : 화

⑥ 2020 년에 1 일이 목요일부터 시작하는 달은 10 월입니다.

문 07

P. 50

난이도 : 상

문항 분석

→ 문항 분석 : 도형의 빈 부분을 생각해서 완전한 직육면체를 만들기위한 도형을 찾는 문항입니다. 2 차원적인 사고력보다 3 차원적인 사고력이 요구됩니다.

평가요소 및 평가표

→ 교과영역 및 평가요소 :

교과영역	창의적 문제해결력 평가요소
도형, 측정	문제 파악 능력, 문제 해결 능력, 정확성

→ 평가표 : (1)

	채점기준	배점
문제 파악 능력 (문제 이해)	㉰ 도형의 블럭 개수 파악하기	2점
문제 해결 능력 (해결 과정)	각 위치에 맞게 도형 그리기	4점
정확성 (정답)	문제에서 요구한 정답 구하기	2점
총 배점		8점

—> **평가표 :** (2)

	채점기준	배점
문제 파악 능력 (문제 이해)	맞닿아 있는 면 파악하기	4점
문제 해결 능력 (해결 과정)	개수에 맞게 넓이 계산하기	2점
정확성 (정답)	문제에서 요구한 정답 구하기	2점
총 배점		8점

정답 및 해설

—> **풀이과정**

(1)

① 완성된 직육면체는 24 개의 블럭으로 이루어져 있습니다. (가) 와 (나) 모두 8 개의 블럭으로 이루어져 있으므로 (다) 는 8 개의 블럭으로 이루어져 있습니다.

② 도형 (가) 와 (나) 를 붙인 모습은 다음과 같습니다.

③ 따라서 직육면체가 되기 위해선 도형 (다) 는 다음과 같은 모습이어야 합니다.

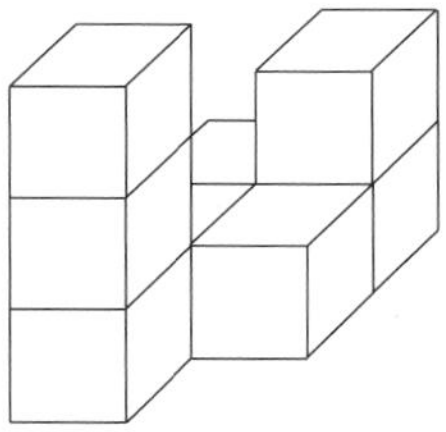

(2)

① (나) 와 (다) 가 맞닿아 있는 면은 다음과 같습니다.

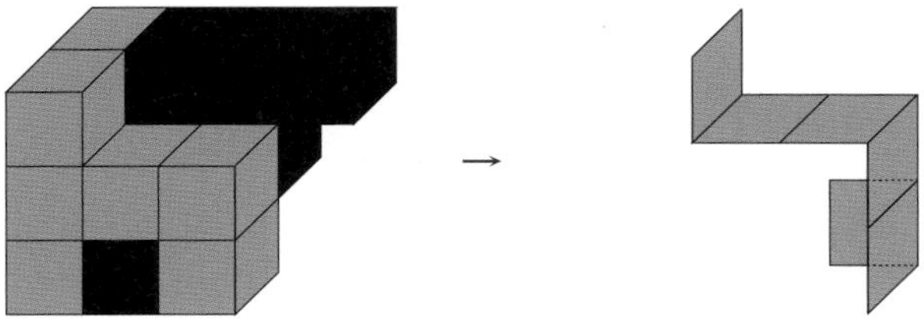

② 정육면체블럭이므로 한 면은 정사각형이고 한 변의 길이가 4 이므로 한 면의 넓이는 16 입니다.

③ 맞닿아있는 면은 총 6 면 이므로 맞닿아있는 면의 넓이는 96 입니다.

—> **정답**

(1) 풀이과정 참고

(2) 96

문 08
P. 52

난이도 : 상

문항 분석

⟶ 문항 분석 : 우리가 알고 있는 분자의 모양은 수학에서 다루는 입체도형들의 모습을 하고 있습니다. 여러 가지 상황에서 분자의 모양이 될 수 있는 구조를 생각해 보도록 합니다.

평가요소 및 평가표

⟶ 교과영역 및 평가요소 :

교과영역	창의적 문제해결력 평가요소
도형, 측정	문제 파악 능력, 문제 해결 능력, 정확성

⟶ 평가표 : (1)

	채점기준	배점
문제 파악 능력 (문제 이해)	CCl_4 의 모양 유추하기	4점
문제 해결 능력 (해결 과정)	모양에 대한 이유 적기	4점
정확성 (정답)	문제에서 요구한 정답 구하기	2점
총 배점		10점

⟶ 평가표 : (2)

	채점기준	배점
문제 파악 능력 (문제 이해)	PCl_5 의 모양 유추하기	4점
문제 해결 능력 (해결 과정)	생각한 모양 중 타당한 모양 찾기	4점
정확성 (정답)	문제에서 요구한 정답 구하기	2점
총 배점		10점

정답 및 해설

⟶ 풀이과정

(1)

① CCl_4 는 1 개의 C 의 주변에 4 개의 Cl 이 분포하고 있는 모양으로 생각할 수 있습니다.

② C 와 Cl 사이의 거리는 모두 같아야 하고, Cl 과 Cl 사이의 거리도 모두 같아야 합니다.

③ 따라서 CCl_4 는 아래와 같은 정사면체 모양의 분자구조를 가지고 있습니다.

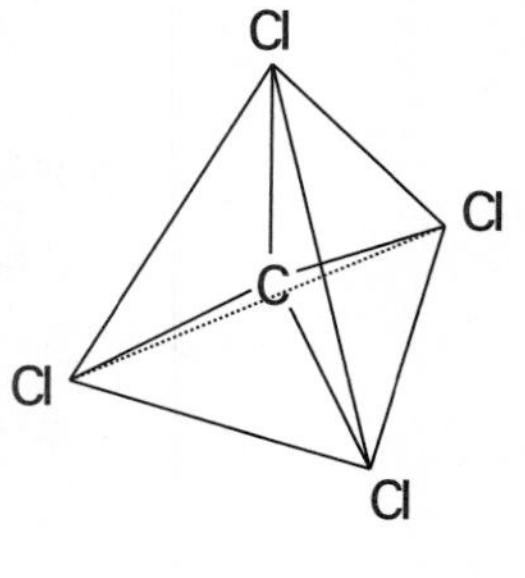

(2)

① PCl_5 는 다음과 같이 삼각쌍뿔 모양의 분자 모양을 하고 있습니다.

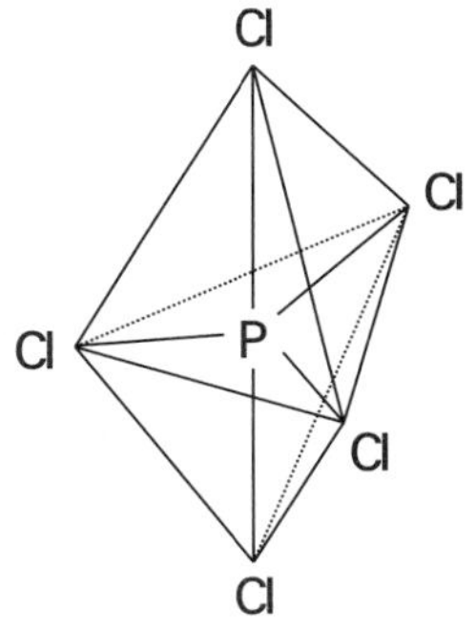

점수에 따른 성취도 등급

등급	1등급	2등급	3등급	4등급	5등급	총점
평가	80 점 이상	60 점 이상 ~ 79 점 이하	40 점 이상 ~ 59 점 이하	20 점 이상 ~ 39 점 이하	19 점 이하	100 점

5회 꾸러미 모의고사

· 총 8 문제입니다. 각 평가표에 있는 기준별로 배점을 했습니다. / 단원 말미에서 성취도 등급을 확인하세요.

· 창의성 평가 (1, 2, 8 번 문항) – 유창성 평가 : 타당한 답변의 개수를 기준으로 평가합니다.
융통성 평가 : 답변 중 서로 범주가 다른 답변의 개수를 기준으로 평가합니다.
독창성 평가 : 남들과 다른 본인만의 방법을 제시하는 것으로 평가합니다.
정교성 평가 : 주요단어를 포함한 문장이 있을 경우 추가점수를 받을 수 있습니다. 단, 추가점수를 받더라도 해당 문항의 총 점수는 넘을 수 없습니다.

· 창의적 문제해결력 평가(3 ~ 8 번 문항) – 문제 파악 능력 : 문제를 푸는데에 필요한 성질등을 파악하는 능력
문제 해결 능력 : 필요한 성질들을 이용해서 정답을 얻어내는 과정
정확성 : 정답의 정확성

· 수학 STEAM(8 번 문항) – 스팀문항으로 창의성 평가와 창의적 문제해결력 평가가 모두 이루어집니다.

· 교과영역은 수와 연산, 도형, 측정, 규칙성, 자료와 가능성 총 5 가지에서 고르게 출제하였습니다.

문 01
P. 56

난이도 : 상

문항 분석

—> **문항 분석 : 동전을 금전적이 용도가 아닌 다른 용도로 사용할 수 있는 방법을 물어보는 문항입니다. 다양한 방면으로 활용방법을 찾아보도록 합니다.**

평가요소 및 평가표

—> **교과영역 및 평가요소 :**

교과영역	창의성 평가요소
도형, 측정, 자료와 가능성	유창성, 융통성

—> **평가표 :**

유창성 : 5점			융통성 : 5점		
	채점기준	배점		채점기준	배점
타당한 문장의 개수	1 개	1점	범주가 다른 문장의 개수	1 개	1점
	2 개	2점		2 개	2점
	3 개	3점		3 개	3점
	4 개	4점		4 개	4점
	5 개	5점		5 개	5점
			총 배점		10점

출제자 예시 답안

—> **① 원을 그릴때 동전을 이용해서 그릴 수 있습니다.**

② 드라이버가 없을때 드라이버 대용으로 쓸 수 있습니다.

③ 다른 작은 물건의 무게나 크기를 가늠할때 사용할 수 있습니다.

④ 각각의 동전에 의미를 부여해서 달력에 붙여 손쉽게 표시를 할 수 있습니다.

⑤ 선제권을 갖는 운동경기에서 동전을 던져 앞, 뒤로 공격순서를 정할 수 있습니다.

⑥ 동전을 사용하는 마술에 이용할 수 있습니다.

문 02
P. 57

난이도 : 상

문항 분석

⟶ 문항 분석 : 수학에서 일대일대응의 개념은 여러 원리의 증명, 계산등에 유용하게 쓰이는 개념입니다. 일상 생활에서의 일대일대응은 어떠한 것이 있을지 생각해보도록 합니다.

평가요소 및 평가표

⟶ 교과영역 및 평가요소 :

교과영역	창의성 평가요소
자료와 가능성	유창성, 융통성

⟶ 평가표 :

유창성 : 5점			융통성 : 5점		
	채점기준	배점		채점기준	배점
타당한 문장의 개수	1 개	1점	범주가 다른 문장의 개수	1 개	1점
	2 개	2점		2 개	2점
	3 개	3점		3 개	3점
	4 개	4점		4 개	4점
	5 개	5점		5 개	5점
			총 배점		10점

출제자 예시 답안

⟶ ① 주민등록번호는 반드시 한 명과 일대일로 대응합니다.

② 주소는 반드시 하나의 집과 일대일로 대응합니다.

③ 은행계좌번호는 반드시 하나의 통장과 일대일로 대응합니다.

④ 핸드폰번호는 반드시 하나의 핸드폰과 일대일로 대응합니다.

⑤ 나라의 이름은 반드시 한 나라와 일대일로 대응합니다.

문 03
P. 58

난이도 : 상

문항 분석

⟶ 문항 분석 : 조건을 만족하면서 집합을 이루기위해선 반드시 들어가야하는 수들이 있습니다. 이러한 수에는 어떠한 것이 있을지 생각해봅니다.

평가요소 및 평가표

⟶ 교과영역 및 평가요소 :

교과영역	창의적 문제해결력 평가요소
수와 연산	문제 파악 능력, 문제 해결 능력, 정확성

→ 평가표 :

	채점기준	배점
문제 파악 능력 (문제 이해)	조건에 맞는 모임의 경우를 구하기	4점
문제 해결 능력 (해결 과정)	가장 적게 조건을 만족하는 모임을 구하기	6점
정확성 (정답)	문제에서 요구한 정답 구하기	2점
총 배점		12점

정답 및 해설

→ 풀이과정

① 가장 쉽게 생각할 수 있는 모임은 {1, 2, 3, 4, ..., 23, 24, 25} 입니다. 1 부터 25 까지의 모든 자연수로 이루어진 이 모임은 조건을 만족하는 모임 중 가장 수가 많은 모임입니다. 따라서 이는 모임 A 가 됩니다.

② 가장 작은 모임을 다음과 같이 구합니다. 먼저 모임에는 1 과 25 가 반드시 들어가야 합니다. {1, 25}

③ 조건을 만족하기 위해선 더해서 25 가 되는 수가 필요합니다. 이 수들은 1 부터 시작되는 수들로 만들어야 합니다. 따라서 1 의 2 배인 2 가 모임에 들어가게 됩니다. {1, 2, 25}

④ 2 다음에는 3 또는 4 가 나와야 하고 3 다음에는 4, 5, 6 이 나와야 하며 4 다음에는 5, 6, 8 이 나올 수 있습니다.

⑤ 25 는 홀수이므로 다른 수의 2 배로 표현될 수 없으므로 두 수의 합으로 표현되야 합니다. 25 는 (5, 20), (6, 19), (7, 18), (8, 17), (9, 16), (10, 15), (11, 14), (12, 13) 의 합으로 표현될 수 있습니다.

⑥ 각 경우를 따졌을 때, {1, 2, 3, 5, 10, 15, 25} 가 가장 수들의 합이 적은 숫자들로 이루어진 조건을 만족하는 모임이 됩니다.

⑦ 모임 A 를 이루고 있는 수의 합은 325 이고 모임 B 를 이루고 있는 수의 합은 61 입니다.

→ 정답

모임 A = {1, 2, 3, 4, ..., 23, 24, 25}　모임 B = {1, 2, 3, 5, 10, 15, 25}

문 04
P. 59

난이도 : 상

문항 분석

→ 문항 분석 : 105 는 3 × 5 × 7 로 소인수분해됩니다. 이점을 이용해서 직육면체의 한 변의 길이를 생각해 보도록 합니다.

평가요소 및 평가표

→ 교과영역 및 평가요소 :

교과영역	창의적 문제해결력 평가요소
도형	문제 파악 능력, 문제 해결 능력, 정확성

⟶ 평가표 :

	채점기준	배점
문제 파악 능력 (문제 이해)	105 = 3 × 5 × 7 임을 파악하기	5점
문제 해결 능력 (해결 과정)	직육면체의 각 변의 길이 구하기	5점
정확성 (정답)	문제에서 요구한 정답 구하기	2점
총 배점		12점

정답 및 해설

⟶ 풀이과정

① 105 = 3 × 5 × 7 입니다. 따라서 이는 물감이 묻어있지 않은 정육면체로 이루어진 직육면체의 각 변의 길이로 생각할 수 있습니다.

② 따라서 원래 물감을 묻힌 큰 직육면체의 각 변의 길이는 5, 7, 9 입니다.

③ 이 직육면체에 모두 물감을 칠하고 한 변의 길이가 1 인 정육면체로 자른다면 정육면체 중 1 면에만 물감이 묻어있는 정육면체는 각 면의 가장 바깥블럭을 제외한 블럭들입니다.

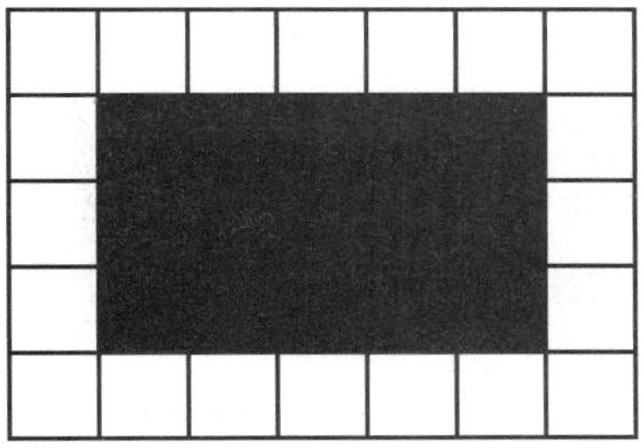

× 2

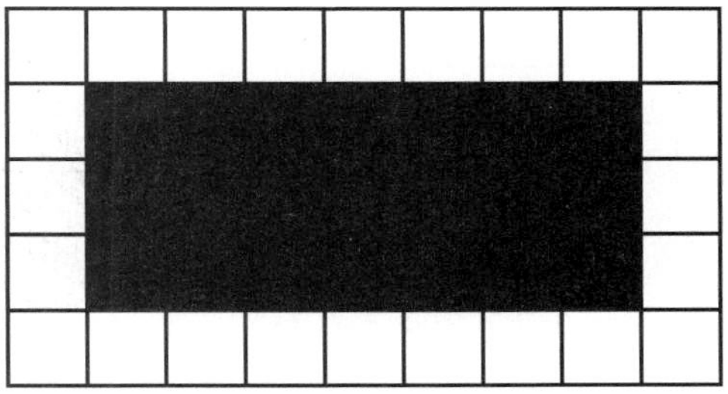

× 2

× 2

④ 따라서 1 면에만 물감이 묻어있는 정육면체는 142 개입니다.

⟶ 정답

142 개

문 05
P. 60

난이도 : 상

문항 분석

→ 문항 분석 : 표를 보고 자료를 해석해보는 문항입니다. 4 팀이 경기를 진행하면 총 경기수는 6 경기이므로 이점을 생각해서 문제를 해결합니다.

평가요소 및 평가표

→ 교과영역 및 평가요소 :

교과영역	창의적 문제해결력 평가요소
자료와 가능성	문제 파악 능력, 문제 해결 능력, 정확성

→ 평가표 :

	채점기준	배점
문제 파악 능력 (문제 이해)	4 팀이 리그전을 할 때, 총 경기수 찾기	2점
문제 해결 능력 (해결 과정)	경우에 따라 표 해석하기	6점
정확성 (정답)	문제에서 요구한 정답 구하기	2점
총 배점		10점

정답 및 해설

→ 풀이과정

① 4 팀이 리그전을 한다면 총 경기수는 6 경기이고, 한 팀은 최대 3 경기를 합니다.

② 따라서 무한이네 팀은 나머지 3 팀 모두와 경기를 마친 상황입니다.

③ 상상이네 팀과 알탐이네 팀은 무한이네 팀과 1 경기를 하고 나머지 팀 중 1 팀과 경기를 했습니다.

④ 득점과 실점을 생각해서 상상이네 팀과 알탐이네 팀이 누구와 경기를 했는지 생각해봅니다.

⑤ 무한이네 팀의 득점은 2 점이고 이긴경기 2 경기, 비긴경기 1 경기이므로 이긴 경기는 1 : 0 으로 이겼고, 비긴 경기는 0 : 0 으로 비긴 것 입니다.

⑥ 만약 상상이네 팀과 알탐이네 팀이 서로 경기를 했다고 생각하면 상상이네 팀의 득점이 3 점이므로 알탐이네 팀의 실점은 총 4 점이 되야 합니다. 하지만 알탐이네 팀의 실점은 6 점이므로 이는 모순입니다. 따라서 상상이네 팀은 무한이네 팀과 영재네 팀과 경기를 했고 알탐이네 팀은 무한이네 팀과 영재네 팀과 경기를 한 것입니다.

⑦ 따라서 영재의 팀은 무한, 상상, 알탐 이 3 팀 모두와 경기를 한 것입니다. 무한이의 팀과는 0 : 0 으로 비긴 것이고 상상이의 팀과는 1 : 3 으로 졌으며, 알탐이의 팀과는 5 : 4 로 이겼습니다.

→ 정답

팀	총 경기수	이긴 경기수	진 경기수	비긴 경기수	득점	실점
영재	3	1	1	1	6	7

문 06
P. 61

난이도 : 상

문항 분석

⟶ 문항 분석 : 분침은 시침에 비해 12 배 빠르게 돌아갑니다. 시계의 1 분은 1 칸으로 본다면 분침과 시침의 차이가 66 번 더해지면 다시 만나므로 60 칸을 간다는 의미입니다.

평가요소 및 평가표

⟶ 교과영역 및 평가요소 :

교과영역	창의적 문제해결력 평가요소
측정	문제 파악 능력, 문제 해결 능력, 정확성

⟶ 평가표 :

	채점기준	배점
문제 파악 능력 (문제 이해)	오래된 시계에 대한 정보 파악하기	4점
문제 해결 능력 (해결 과정)	오래된 시계가 정확한 시간 1 분에 얼만큼 움직이는지 수식화하기	6점
정확성 (정답)	문제에서 요구한 정답 구하기	2점
총 배점		12점

정답 및 해설

⟶ 풀이과정

① 오래된 시계의 분침이 정확한 시계의 시간 1 분에 움직이는 만큼을 12 A 라고 하면 오래된 시계의 시침은 그보다 12 배 느리게 가므로 정확한 시계의 시간 1 분에 A 만큼 움직입니다.

② 오래된 시계의 시침과 분침은 정확한 시간 66 분마다 한 번씩 겹치므로 식은 다음과 같습니다.

③ $66 \times 11\,A = 60 \rightarrow A = \frac{10}{121}$ (시침과 분침사이의 차이 : 11 A, 이 차이가 66 번지나면 1 바퀴인 60)

④ 따라서 오래된 시계는 정확한 시간 1 분에 $\frac{120}{121}$ 분만큼 가는 것이 됩니다.

⑤ 정확한 시계의 하루는 1440 분이므로 오래된 시계는 정확한 시간 1440 분동안 $1440 \times \frac{120}{121}$ 분만큼만 시간이 가게 됩니다.

⑥ 이를 1440 분과 비교하게되면 $1440 - (1440 \times \frac{120}{121}) = \frac{1440}{121}$ 이므로 하루에 $11\frac{109}{121}$ 분만큼 늦게 가게 됩니다.

⟶ 정답

오래된 시계는 정확한 시계보다 하루에 $11\frac{109}{121}$ 분만큼 느리게 갑니다.

문 07
P. 62

난이도 : 상

문항 분석

⟶ 문항 분석 : 바로 전의 2 개의 수를 더한 값을 계속 적어가는 수열을 피보나치 수열이라고 합니다. 피보나치 수열을 소수로 나누게되면 그 나머지들은 일정한 배열로 순환합니다.

평가요소 및 평가표

⟶ 교과영역 및 평가요소 :

교과영역	창의적 문제해결력 평가요소
규칙성	문제 파악 능력, 문제 해결 능력, 정확성

⟶ 평가표 : (1)

	채점기준	배점
문제 파악 능력 (문제 이해)	나머지를 계산해보기	3점
문제 해결 능력 (해결 과정)	나머지간에 규칙찾기	4점
정확성 (정답)	문제에서 요구한 정답 구하기	1점
총 배점		8점

⟶ 평가표 : (2)

	채점기준	배점
문제 파악 능력 (문제 이해)	(1) 에서 구한 규칙을 이용하기	2점
문제 해결 능력 (해결 과정)	13 번째 집단은 몇 번째 수일지 파악하기	3점
정확성 (정답)	문제에서 요구한 정답 구하기	1점
총 배점		6점

정답 및 해설

⟶ 풀이과정

(1)

① 피보나치 수열의 규칙은 찾기 쉽지만 이를 직접 계산해서 1200 번째 항을 직접 구하기는 어렵습니다. 따라서 나머지를 계산해서 규칙성을 찾아보도록 합니다.

② 피보나치 수열을 계산해서 11 로 나눈 나머지를 나열하면 다음과 같습니다.

→ 1 1 2 3 5 8 2 10 1 0 1 1 2 3 5 ....

③ 따라서 이 나머지들은 1 1 2 3 5 8 2 10 1 0 이 10 개의 수가 계속 반복되는 규칙을 가지고 있습니다.

④ 따라서 1200 은 10 으로 나뉘어떨어지므로 1200 번째 수를 11 로 나누면 나머지는 0 입니다.

(2)

① 13 번째 집단은 이 수들의 79 번째 수부터 91 번째 수를 포함하는 집단입니다.

② 79 는 10 으로 나눴을 때 나머지가 9 이므로 79 번째 수를 11 로 나누면 나머지가 1 가 됩니다.

③ 따라서 13 번째 집단의 수를 11 로 나누면 나머지는 다음과 같습니다.

→ 1 0 1 1 2 3 5 8 2 10 1 0 1

④ 이를 모두 합한 수는 35 입니다.

⟶ 정답

(1) 0 (2) 35

문 08
P. 64

난이도 : 상

문항 분석

⟶ 문항 분석 : 태양열, 태양광 발전의 효율을 가장 좋게 하기 위해선 태양광선을 수직으로 받을 수 있도록 설치해야 합니다.

평가요소 및 평가표

⟶ 교과영역 및 평가요소 :

교과영역	창의성 요소	창의적 문제해결력 평가요소
측정, 자료와 가능성	유창성	문제 파악 능력, 문제 해결 능력, 정확성

⟶ 평가표 : (1)

유창성 : 8점

	채점기준	배점
타당한 문장의 개수	1 개	4점
	2 개	8점
총 배점		8점

⟶ 평가표 : (2)

유창성 : 6점

	채점기준	배점
각각의 이유 정답	한 가지만 정답	3점
	두 가지 모두 정답	6점

정교성 : 6점

	채점기준	배점
각각의 위치 정답	한 가지만 정답	3점
	두 가지 모두 정답	6점
총 배점		12점

정답 및 해설

⟶ (1)

① 공해가 없는 청정에너지원입니다.

② 석유와 같은 화석에너지에 비해 지역적으로 차이가 적어 공정하다고 할 수 있습니다.

③ 태양이 존재하는한 무한한 에너지원이 될 수 있습니다.

(2)

① 태양광선은 직선으로 날라오기 때문에 태양광선과 직각으로 집열판을 설치해야 가장 넓게 태양광선을 받아들일 수 있기 때문에 수직으로 설치해야 가장 효율이 좋습니다.

② <자료> 의 집열판들은 지면과 수평으로 설치되어 있으므로 적도부근에 설치된 집열판이라고 생각할 수 있습니다.

③ 문제의 집열판들은 지면에 수직으로 설치되어 있으므로 북극 또는 남극과 같은 극지방에 가까운 지역에 설치된 집열판이라고 생각할 수 있습니다.

점수에 따른 성취도 등급

등급	1등급	2등급	3등급	4등급	5등급	총점
평가	80 점 이상	60 점 이상 ~ 79 점 이하	40 점 이상 ~ 59 점 이하	20 점 이상 ~ 39 점 이하	19 점 이하	100 점

6회 꾸러미 모의고사

· 총 8 문제입니다. 각 평가표에 있는 기준별로 배점을 했습니다. / 단원 말미에서 성취도 등급을 확인하세요.

· 창의성 평가 (1, 2, 8 번 문항) - 유창성 평가 : 타당한 답변의 개수를 기준으로 평가합니다.
융통성 평가 : 답변 중 서로 범주가 다른 답변의 개수를 기준으로 평가합니다.
독창성 평가 : 남들과 다른 본인만의 방법을 제시하는 것으로 평가합니다.
정교성 평가 : 주요단어를 포함한 문장이 있을 경우 추가점수를 받을 수 있습니다. 단, 추가점수를 받더라도 해당 문항의 총 점수는 넘을 수 없습니다.

· 창의적 문제해결력 평가(3 ~ 8 번 문항) - 문제 파악 능력 : 문제를 푸는데에 필요한 성질등을 파악하는 능력
문제 해결 능력 : 필요한 성질들을 이용해서 정답을 얻어내는 과정
정확성 : 정답의 정확성

· 수학 STEAM(8 번 문항) - 스팀문항으로 창의성 평가와 창의적 문제해결력 평가가 모두 이루어집니다.

· 교과영역은 수와 연산, 도형, 측정, 규칙성, 자료와 가능성 총 5 가지에서 고르게 출제하였습니다.

문 01

P. 68

난이도 : 상

문항 분석

⟶ 문항 분석 : 거짓말쟁이가 "나는 거짓말을 하고있다" 라고 말하면 논리적으로 모순점이 생기게됩니다. 이러한 현상을 거짓말쟁이의 역설이라고 부릅니다.

평가요소 및 평가표

⟶ 교과영역 및 평가요소 :

교과영역	창의성 평가요소
자료와 가능성	유창성, 융통성

⟶ 평가표 :

유창성 : 6점			융통성 : 6점		
	채점기준	배점		채점기준	배점
타당한 문장의 개수	1 개	2점	범주가 다른 문장의 개수	1 개	2점
	2 개	4점		2 개	4점
	3 개	6점		3 개	6점
			총 배점		12점

출제자 예시 답안

⟶ ① "당신은 이 질문에 "아니다" 라고 대답하실건가요?"

② "저는 언제까지 살 수 있을까요?"

③ "저는 부자가 될까요?"

문 02
P. 69

난이도 : 상

문항 분석

⟶ 문항 분석 : 최소공배수의 개념을 이용해 1 을 단위분수의 합으로 나눠봅니다. 예시답안외에도 정답은 무수히 많습니다.

평가요소 및 평가표

⟶ 교과영역 및 평가요소 :

교과영역	창의성 평가요소
수와 연산	유창성, 융통성

⟶ 평가표 :

유창성 : 15점		
	채점기준	배점
범주가 다른 문장의 개수	1 개	4점
	2 개	8점
	3 개	12점
총 배점		12점

출제자 예시 답안

⟶ ① 4 개의 단위분수 → $1 = \frac{1}{2} + \frac{1}{4} + \frac{1}{6} + \frac{1}{12}$

② 5 개의 단위분수 → $1 = \frac{1}{2} + \frac{1}{4} + \frac{1}{7} + \frac{1}{12} + \frac{1}{42}$

③ 6 개의 단위분수 → $1 = \frac{1}{2} + \frac{1}{5} + \frac{1}{7} + \frac{1}{12} + \frac{1}{20} + \frac{1}{42}$

문 03
P. 70

난이도 : 상

문항 분석

⟶ 문항 분석 : 그냥 두 선분으로만 각도를 구하기는 고학년의 공식이 필요합니다. 각도를 구하기 쉬운 도형의 일부분으로 생각해서 문제를 해결해봅니다.

평가요소 및 평가표

⟶ 교과영역 및 평가요소 :

교과영역	창의적 문제해결력 평가요소
도형	문제 파악 능력, 문제 해결 능력, 정확성

—> 평가표 :

	채점기준	배점
문제 파악 능력 (문제 이해)	각도를 쉽게 구할 수 있는 두 선분을 포함한 도형만들기	3점
문제 해결 능력 (해결 과정)	조건을 생각해서 각도 구하기	5점
정확성 (정답)	문제에서 요구한 정답 구하기	2점
총 배점		10점

정답 및 해설

—> 풀이과정

① ㉠, ㉡ 에 다음 점선과 같이 연장선을 긋습니다.

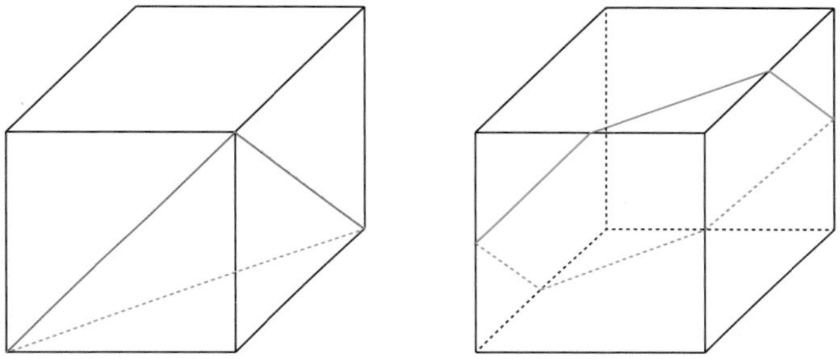

② 정육면체이므로 각 면의 대각선 길이는 같고 변의 중점사이의 길이도 모두 같습니다.

③ 따라서 ㉠ 의 두 개의 선분은 정삼각형의 일부분이고 ㉡ 의 두 개의 선분은 정육각형의 일부분입니다.

④ 정삼각형의 한 내각의 크기는 60°이고, 정육각형의 한 내각의 크기는 120°이므로 ㉠, ㉡ 에서 두 선분이 이루고 있는 각의 크기는 각각 60°, 120° 입니다.

—> 정답

㉠ 60° ㉡ 120°

문 04
P. 71

난이도 : 상

문항 분석

—> 문항 분석 : 수를 자릿수 형식으로 표현해보고 각 항의 나머지를 생각해보면 보다 쉽게 문제를 해결할 수 있습니다.

평가요소 및 평가표

—> 교과영역 및 평가요소 :

교과영역	창의적 문제해결력 평가요소
수와 연산, 자료와 가능성	문제 파악 능력, 문제 해결 능력, 정확성

→ 평가표 :

	채점기준	배점
문제 파악 능력 (문제 이해)	각각의 항이 13 으로 나눈 나머지의 합이 13 의 배수여야 한다는 점 찾기	3점
문제 해결 능력 (해결 과정)	각 항을 13 으로 나눴을때 나머지를 구하고 경우의 수 찾기	5점
정확성 (정답)	정답의 개수 1 ~ 2 개	1점
	정답의 개수 3 개 이상	2점
총 배점		10점

정답 및 해설

→ 풀이과정

① 일곱 자리 수 60A0B06 이 13 으로 나눠떨어지기 위해선 6×10^6, $A \times 10^4$, $B \times 10^2$, 6 이 4 개를 13 으로 나눈 나머지의 합이 13 의 배수여야 합니다.

② 6×10^6 을 13 으로 나눈 나머지는 6, $A \times 10^4$ 을 13 으로 나눈 나머지는 3 A, $B \times 10^2$ 을 13 으로 나눈 나머지는 9 B, 6 을 13 으로 나눈 나머지는 6 입니다.

③ 따라서 이 4 개의 나머지의 합 $3A + 9B + 12$ 가 13 의 배수이면 60A0B06 은 13 으로 나눠떨어집니다.

④ 또한 A 와 B 는 0 ~ 9 사이의 자연수입니다.

⑤ 따라서 $12 \leq 3A + 9B + 12 \leq 120$ 이고 13 의 배수여야 합니다.

⑥ $3A + 9B + 12 = 13$ 을 만족하는 (A, B) 는 없습니다.
$3A + 9B + 12 = 26$ 을 만족하는 (A, B) 는 없습니다.
$3A + 9B + 12 = 39$ 를 만족하는 (A, B) 는 (9, 0), (6, 1), (3, 2), (0, 3) 4 가지 입니다.
$3A + 9B + 12 = 52$ 를 만족하는 (A, B) 는 없습니다.
$3A + 9B + 12 = 65$ 를 만족하는 (A, B) 는 없습니다.
$3A + 9B + 12 = 78$ 을 만족하는 (A, B) 는 (7, 5), (4, 6), (1, 7) 3 가지 입니다.
$3A + 9B + 12 = 91$ 을 만족하는 (A, B) 는 없습니다.
$3A + 9B + 12 = 104$ 를 만족하는 (A, B) 는 없습니다.
$3A + 9B + 12 = 117$ 을 만족하는 (A, B) 는 (8, 9) 1 가지 입니다.

⑦ 따라서 13 으로 나눠떨어지는 60A0B06 은 다음과 같습니다.
6090006, 6060106, 6030206, 6000306, 6070506, 6040606, 6010706, 6080906

→ 정답

(A, B) = (9, 0), (6, 1), (3, 2), (0, 3), (7, 5), (4, 6), (1, 7), (8 ,9)

문 05
P. 72

난이도 : 상

문항 분석

→ 문항 분석 : 문제의 일정한 규칙에 따라 만든 번분수들은 분자끼리, 분모끼리 나눠봤을때, 피보나치 수열의 일부분이 됩니다.

평가요소 및 평가표

→ **교과영역 및 평가요소 :**

교과영역	창의적 문제해결력 평가요소
수와 연산, 규칙성	문제 파악 능력, 문제 해결 능력, 정확성

→ **평가표 :**

	채점기준	배점
문제 파악 능력 (문제 이해)	각 번분수를 계산하기	4점
문제 해결 능력 (해결 과정)	계산된 값에서 규칙찾기	6점
정확성 (정답)	문제에서 요구한 정답 구하기	2점
총 배점		12점

정답 및 해설

→ **풀이과정**

① 번분수를 분수로 표현하면 다음과 같습니다.

$$\frac{1}{1+\frac{1}{1}}=\frac{1}{2} \qquad \frac{1}{1+\frac{1}{1+\frac{1}{1}}}=\frac{2}{3} \qquad \frac{1}{1+\frac{1}{1+\frac{1}{1+\frac{1}{1}}}}=\frac{3}{5}$$

② n 번째 번분수를 A 라고 한다면 n + 1 번째 번분수의 꼴은 $\frac{1}{1+A}$ 입니다.

③ 각 번분수를 계산한 값을 써보면 다음과 같습니다.

$$\frac{1}{2} \quad \frac{2}{3} \quad \frac{3}{5} \quad \frac{5}{8}$$

④ 규칙을 찾아보면 분자와 분모는 각각 피보나치수열을 따라가게 됩니다.

1 1 2 3 5 8 13 21 34 55 89 144 233 .....

⑤ 따라서 10 번째 번분수의 분모는 피보나치수열의 12 번째 수 144 이고, 분자는 11 번째 수 89 가 됩니다.

→ **정답 :** $\frac{89}{144}$

문 06
P. 73

난이도 : 상

문항 분석

⟶ 문항 분석 : 원뿔이 옆으로 넘어져서 바닥에서 굴러가면 한바퀴 굴러갈때 원뿔이 바닥과 만나는 면적은 원뿔의 옆면의 면적과 같습니다.

평가요소 및 평가표

⟶ 교과영역 및 평가요소 :

교과영역	창의적 문제해결력 평가요소
도형, 측정	문제 파악 능력, 문제 해결 능력, 정확성

⟶ 평가표 :

	채점기준	배점
문제 파악 능력 (문제 이해)	원뿔의 전개도에서 옆면의 중심각찾기	3점
문제 해결 능력 (해결 과정)	5 번 굴렀을 때, 바닥과 닿은 면적의 모양을 생각해서 넓이 구하기	5점
정확성 (정답)	문제에서 요구한 정답 구하기	2점
총 배점		10점

정답 및 해설

⟶ 풀이과정

① 원뿔의 전개도를 생각했을때 옆면은 원의 일부분인 부채꼴입니다.

② 또한 옆면의 중심각의 크기는 360˚ × 밑면의 반지름의 길이 ÷ 모선의 길이이므로 60˚ 입니다.

③ 원뿔이 1 바퀴 굴러갈 때, 옆면의 넓이만큼 바닥과 닿게되므로 따라서 원뿔이 5 바퀴 굴러갔다면 바닥과 닿은 면적은 중심각이 60˚ × 5 = 300˚ 인 부채꼴의 넓이와 같습니다.

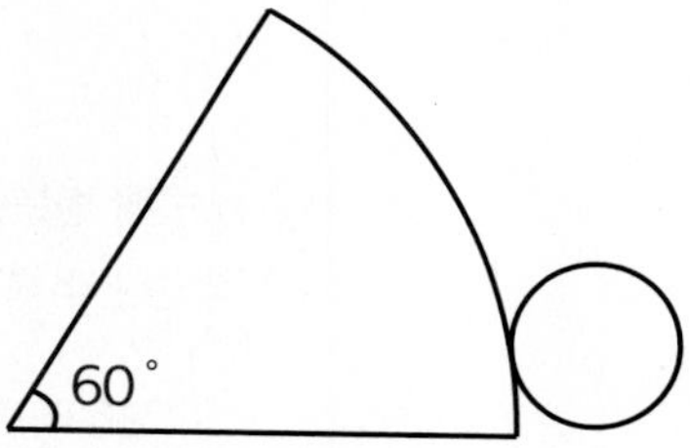

④ 이는 반지름이 24 인 원의 넓이에 $\frac{5}{6}$ 이므로 넓이는 다음과 같습니다.

$$24 \times 24 \times 3.14 \times \frac{5}{6} = 1,507.2$$

⟶ 정답 : 1,507.2

문 07
P. 74

난이도 : 상

문항 분석

⟶ 문항 분석 : 삼각형에서 한 내각을 이등분하는 선을 내각이등분선이라고 합니다. 내각이등분선의 성질을 이용하여 문제를 해결해봅니다.

평가요소 및 평가표

⟶ 교과영역 및 평가요소 :

교과영역	창의적 문제해결력 평가요소
도형, 측정	문제 파악 능력, 문제 해결 능력, 정확성

—> 평가표 :

	채점기준	배점
문제 파악 능력 (문제 이해)	크기가 같은 각도 표시하기, 원위의 점 파악하기	6점
문제 해결 능력 (해결 과정)	삼각형에서 내각이등분선의 정의 이용하기	8점
정확성 (정답)	문제에서 요구한 정답 구하기	4점
총 배점		18점

정답 및 해설

—> 풀이과정

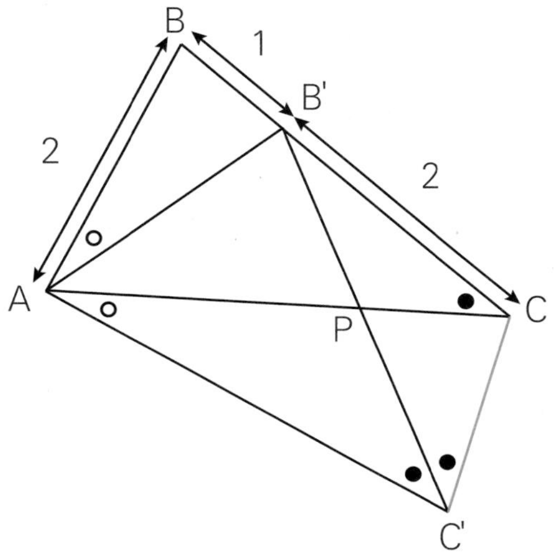

① 먼저 C 와 C' 를 연결하는 선분을 긋습니다.

② △ABC 와 △AB' C' 은 합동이므로 ∠ACB 와 ∠AC' B' 은 같습니다.

③ AB, AB', B' C 의 길이는 모두 2 입니다.

④ ②, ③ 에 따라 A, B', C, C' 이 네 점은 하나의 원 위에 있다는 사실을 알 수 있습니다. (같은 호 AB' 에 대한 원주각 ∠AC' B' 과 ∠ACB' 이 같음)

⑤ 선분 AB' 과 B' C 의 길이도 같으므로 ∠B' C' C 도 같은 호에 대한 원주각이므로 ∠AC' B', ∠ACB' 과 같습니다.

⑥ △ABB' 과 △ACC' 는 닮음이고 닮음비는 1 : 2 이므로 AC' 의 길이 : C' C 의 길이 = 2 : 1 입니다.

⑦ 선분 B' C' 은 ∠AC' C 의 내각이등분선이고 선분 AC' 의 길이 : 선분 C' C 의 길이 = 2 : 1 이므로 선분 AP 의 길이 : 선분 PC 의 길이 = 2 : 1 입니다.

⑧ △ABC 에서 선분 BB' 의 길이 : 선분 B' C 의 길이 = 1 : 2 이므로 △ABB' 의 넓이 : △ACB' 의 넓이 = 1 : 2 입니다.

⑨ △AB' C 에서 선분 AP 의 길이 : 선분 PC 의 길이 = 2 : 1 이므로 △AB' P 의 넓이 : △CB' P 의 넓이 = 2 : 1 입니다.

⑩ 따라서 △ABC 와 △AB' P 의 넓이의 비 는 9 : 4 입니다.

—> 정답

△ABC 의 넓이 : △AB'' P 의 넓이 = 9 : 4

문 08
P. 76

난이도 : 상

문항 분석

⟶ 문항 분석 : 물질에 따른 빛의 속도에 따라 굴절각과 입사각의 관계는 달라지게 됩니다. 이러한 관계를 이용해서 전반사개념을 응용하면 에너지소모가 거의 없는 광섬유를 만들 수 있습니다.

평가요소 및 평가표

⟶ 교과영역 및 평가요소 :

교과영역	창의적 문제해결력 평가요소
측정	문제 파악 능력, 문제 해결 능력, 정확성

⟶ 평가표 : (1)

	채점기준	배점
문제 파악 능력 (문제 이해)	굴절률에 따른 각 물질에서의 빛의 속도 비교하기	2점
문제 해결 능력 (해결 과정)	법선을 생각해서 각도비교하며 그리기	4점
정확성 (정답)	문제에서 요구한 정답 구하기	2점
총 배점		8점

⟶ 평가표 : (2)

	채점기준	배점
문제 파악 능력 (문제 이해)	입사각과 굴절각 비교하고 위치찾기	6점
문제 해결 능력 (해결 과정)	임계각이 지났을때 생각하기	4점
정확성 (정답)	문제에서 요구한 정답 구하기	2점
총 배점		12점

정답 및 해설

⟶ 풀이과정

(1)

① 굴절률이 공기 < 물 < 유리 < 다이아몬드 순으로 크다면 각 물질에서 빛의 속도는 역순으로 다이아몬드 < 유리 < 물 < 공기 에서 더 빠르게 됩니다.

② 속도가 느린 물질에서 빠른 물질로 이동할때는 입사각보다 굴절각이 더 크며, 속도가 빠른 물질에서 느린 물질로 이동할때는 입사각이 굴절각보다 더 큽니다.

③ 따라서 공기에서 유리로 이동할때와 유리에서 다이아몬드로 이동할때는 입사각이 더 크게 그려야합니다.

④ 다이아몬드에서 물로 이동할때는 굴절각이 더 크게 그려야합니다.

(2)

① 물체가 멀어질수록 입사각이 커지게 되므로 물체가 점점 떠오르는 것처럼 보이게 됩니다.

② 굴절각이 90° 가 되면 더이상 사람의 눈에 보이지 않게 됩니다.

③ 굴절각이 90° 이상이 되면 빛이 모두 물의 표면에서 전반사되게 됩니다.

⟶ 정답

(1)

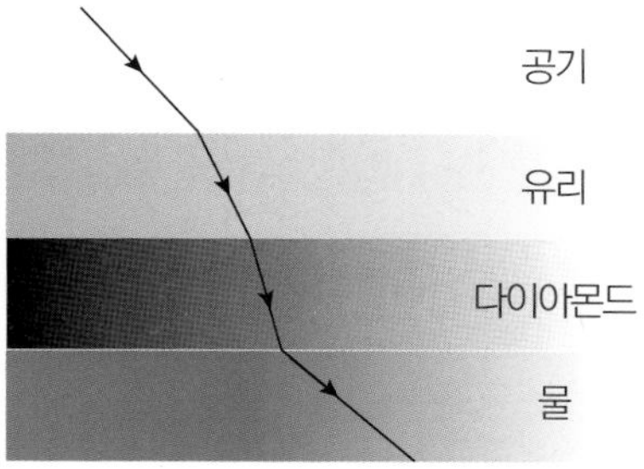

(2) 물체는 점점 떠오르는 것처럼 보이다가 굴절각이 90° 이상이 되면 안보이게 됩니다.

점수에 따른 성취도 등급

등급	1등급	2등급	3등급	4등급	5등급	총점
평가	80 점 이상	60 점 이상 ~ 79 점 이하	40 점 이상 ~ 59 점 이하	20 점 이상 ~ 39 점 이하	19 점 이하	100 점

7 마무리하기

· 아래의 표를 채우고 스스로 평가해 봅시다.

정리하기

단원	1회	2회	3회	4회	5회	6회
점수						
등급						

· **총 점수 :** / 600 점

· **평균 등급 :**

전체 점수 성취도 등급

등급	1등급	2등급	3등급	4등급	5등급	총점
평가	481 점 이상	361 점 이상 ~ 480 점 이하	241 점 이상 ~ 360 점 이하	121 점 이상 ~ 240 점 이하	120 점 이하	600 점
	대단히 우수, 영재교육 절대 필요함	영재성이 있고 우수, 전문가와 상담 요망	영재성 교육을 하면 잠재능력 발휘할 수 있음	영재성을 길러주면 발전될 가능성 있음	어떤 부분이 우수한지 정밀 검사 요망	

스스로 평가하기

· 자신이 자신있는 단원과 부족한 단원을 말해보고, 앞으로의 공부 계획을 세워봅시다.

아이앤아이 영재교육원 대비

꾸러미 48제 모의고사

Ⅰ 영재교육원 준비 방법을 제시했습니다.

Ⅱ 1회당 8문항 총 6회분 으로 구성하였습니다.

Ⅲ 각 회당 영재성검사 평가문제 2문항, 창의적 문제해결력 5문항, STEAM(융합)형 문제 1문항으로 구성하였습니다.

Ⅳ 각 교과영역, 창의성 영역, 창의적문제해결력 영역을 골고루 배분하여 출제하였습니다.

Ⅴ 출제자 예시답안 및 각 영역별 평가표를 제시하여 스스로 채점할 수 있게 하였습니다.

무한상상

무한상상

무한상상